[日]高井祐子 著

姚奕崴 译

你可以有情绪，
但不要情绪化

青岛出版集团 | 青岛出版社

山东省版权局著作权合同登记号　图字：15-2023-149号

图书在版编目（CIP）数据

你可以有情绪，但不要情绪化 /（日）高井祐子著；姚奕崴译. —青岛：青岛出版社，2024.1
　　ISBN 978-7-5736-1801-6

　　Ⅰ.①你… Ⅱ.①高… ②姚… Ⅲ.①情绪–自我控制–通俗读物 Ⅳ.①B842.6-49

中国国家版本馆CIP数据核字（2024）第001295号

书　　名	NI KEYI YOU QINGXU, DAN BU YAO QINGXUHUA 你可以有情绪，但不要情绪化	
著　　者	[日]高井祐子	
译　　者	姚奕崴	
出版发行	青岛出版社	
社　　址	青岛市崂山区海尔路182号（266061）	
本社网址	http://www.qdpub.com	
邮购电话	0532-68068091	
责任编辑	王　伟　王婧娟	
封面设计	今亮后声	
照　　排	青岛可视文化传媒有限公司	
印　　刷	青岛国彩印刷股份有限公司	
出版日期	2024年1月第1版　2025年3月第2次印刷	
开　　本	32开（889 mm×1194 mm）	
印　　张	6.75	
字　　数	120千	
书　　号	ISBN 978-7-5736-1801-6	
定　　价	39.00元	

编校印装质量、盗版监督服务电话：4006532017　0532-68068050
上架建议：日本·畅销·心理自助

前言
善待情绪，纵享人生

"一旦情绪低落，很长时间都振作不起来……"

"又控制不住大吼大叫了。其实不想这么暴躁……"

"动不动就紧张兮兮。想尽可能保持一颗平常心……"

你是否有过类似的烦恼？

但凡是人，就会产生情绪，我们都是如此。无论是开心、快乐，还是悲伤、愤怒，情绪本身没有好坏之分。

不过，一旦诸事不顺、不堪重负，人们就有可能难以控制愤怒、焦虑、失落之类的负面情绪。

如果陷入情绪化，久而久之心理和身体就会出现问题。

想要未雨绸缪地学习行之有效的管理情绪的方法……

既然你萌生了这一想法，那么我要向你推荐有助于调节情绪、转换思维的自我关爱方法。

在这里，我郑重地向阅读本书的各位读者表示衷心的感谢。

我是国家认证心理师兼临床心理士，拥有长达 20 余年的心理咨询经验，曾聆听了总计 12 000 人的心声。

心理治疗包含多种多样的治疗方法，其中我最擅长的是"认知行为疗法"。认知行为疗法能够有效消除负面情绪，简单来说就是"通过转变想法、看法来调节情绪和行为"。

通过转变想法、看法，确确实实能够实现自我对情绪的控制。

比方说，当你被人际关系闹得心烦意乱时，你可以试着用一用本书中的"不要用读心术揣测他人（p.058）""撕掉贴在他人身上的标签（p.064）""问自己一句'真是这样的吗？'（p.168）"等方法，能有条不紊地让自己变得比以往更加快乐。

除此以外，本书还引入了一种名叫"生活临床"的思维方式。

简而言之，就是要树立这样一种观念：调节、转换情绪不单是思想方面的活动，还要在日常生活中做出改变。

例如，你可以实践"产生幸福荷尔蒙（p.084）""借助晨光的力量（p.088）""进行节律运动（p.098）"等方法，调整身心状态。通过实践上述方法，你将重燃斗志、安定心绪，成功激发各种正面情绪。

如果你曾想方设法排遣负面情绪，结果却屡屡碰壁，那么不妨尝试"认知行为疗法"和"生活临床"方法双管齐下，它们能够让你摆脱这种恶性循环。

心理和身体不可分割。假如你只是"头痛医头，脚痛医脚"地治疗心理问题，却对生活紊乱、疏于爱惜身体不闻不问，那么最终心理上也不会有实质性改善。

因此，心理、身体和生活三者要统筹兼顾，缺一不可。

其实，每天都有人找我倾诉他们五花八门的烦恼，而当中的很多人在实践了本书介绍的方法之后，纷纷表示自己身上发生了实实在在的改变——"有些烦恼自己也能看开了""以前一直很自卑，最近慢慢地能够发现自己的闪光点了""虽然有时候也会感到沮丧，但已经不那么害怕了"。

进入正文部分之后，我将贴近你的内心，一点一点、循序渐进地向你介绍怎样有效应对情绪。

下面，我简要介绍一下本书各章节的内容。

第 1 章首先对"你理想的状态是怎样的？""你所认为的'幸福''普通'是什么？"等问题进行剖析。通过解答上述问题，让你了解自己当前的状态，告诉你怎样做才能拥有好心情。

第 2 章关注的是"口头禅"。语言反映了你的思维特点，也就是思维方式。因此，改变语言是改变消极思维方式的抓手。

第 3 章将聚焦极易让情绪产生波动的人际关系。我将告诉大家在遭到他人攻击的时候应该怎样保护自己，怎样与其保持舒适的心理距离。

第 4 章探讨的是"生活临床"方法。

当我们实现了有规律的生活，完成了身心调节后，就可以在第 5 章实践能够有效战胜压力的方法了。

而后，在最后一章第 6 章，我将对你的想法、看法刨根问底，研究怎样让你充实地度过每一天。

此外，在探究每一个方法的时候，有一点需要格外注意。那就是当这些方法摆在你面前时，你要用一种俯瞰的姿态审视自我："现在是怎样一种感受？究竟想要怎么做？"这样你自然就能找到自己所渴求的正确答案，为今后的人生找准前进的方向。

衷心希望本书可以助你一臂之力，让你情绪饱满地书写人生新篇章。

高井祐子

本书的使用方法

点滴进步，切勿贪多

本书采用了特殊的排版方式，每两页介绍一个在日常心理咨询当中我曾向咨询者推荐的方法。

这些方法需要你在保持平和生活的同时，直面自己的内心，与自己的心灵对话。每一个方法都简单易行，你可以从自己喜欢的章节看起，每天学习一点点。

与其将整本书通读一遍，我建议你不妨从细节入手。首先粗略翻阅一下，如果有某个方法让你眼前一亮，那么再仔细阅读。

每个方法都配以补充说明的插图或者可以记录想法的笔记栏。因此，希望你不要只是"一读了之"，而是要一边阅读一边实践，譬如写写画画、出声表达、放松身体等等。

无论是心情失落，还是人际关系让你苦不堪言；无论是压力无从释放，还是因为以上种种而感到焦躁不安……每一种情形都有与之对应的解决方法，我将告诉你应该做出哪些改变。

此外，我希望你能够把书中的笔记栏当作你专属的"心灵笔记"，在阅读过程中对应方法写下你的答案。

当然，你也可以去买一本自己喜爱的笔记本，也可以用手边用习惯了的老本子。每当你心神不宁时，你都可以重复实践其所对应的方法。只有这样，你才能更加直接地感受到自己的变化。

还有，你要经常重温自己的笔记，这会让你温故而知新。

像这样坚持下去，你一定能够发现自己心里的误区，过上内心平和的生活。

不要忽视心理以外的其他因素

我身为一名国家认证心理师兼临床心理士，曾接待过不计其数的咨询者，然而我从未遇见过两个完全相同的烦恼。很多人前来咨询，甚至是因为"总是睡不着""没精打采，身体乏得很""感觉有些心慌"等这些身体上的困扰。

最近，咨询者自述"总是提不起精神""大白天的干什么都毫无兴致"，懒得出门，只想闷在屋里的情况尤为常见。不过，这些人之所以会这样，倒也不是因为害怕生人或是一出门就紧张得手足无措。

经过详细询问，我发现造成这种情况的主要原因并非压力和烦恼，而是生活紊乱。饥一顿，饱一顿或者拿零食当饭吃，导致营养不均衡。再不然就是通宵玩手机、玩电脑、看视频。这些不规律的生活习惯已然成为心理问题的重要成因之一。

在临床实践当中，像这样因为"生活问题"导致身心出现问题的人比比皆是。

混乱的生活节奏，会慢慢让身体失去活力，人也会变得萎靡不振。如果是在这种情况下接受心理咨询，那么压力应对法或思维转换法根本无济于事，无法找到问题的症结所在。

更有甚者，还会因为"想要改变但却无能为力"而产生悲观、自责的情绪，失落感进一步加剧。我虽然是一名心理医生，但是在很多时候都深感单凭心理治疗不足以解决心理问题。

因此，我们还要学会从改变日常生活、全面调节身心的"生活临床"的视角看问题。正如"前言"所述，这本书不只有心理治疗方法，也会向读者介绍生活临床的方法。

呵护心灵也需要耗费精力。如果连人的身体都痛苦不堪，又何谈呵护心灵呢？就像培育花朵需要给它浇水施肥，让它沐浴阳光一样，每个人务必要保重自己的身体。

书中的一些方法可能会让你觉得是"老生常谈"，但是

"知道"和"做到"有着天壤之别。不如借此机会，重新审视一下自己的生活吧。

调节身心，享受平静而充实的每一天

尽管与前文有所重复，但以下两个极为重要的方面，我想再次强调一下。

其一是以认知行为疗法为基础，转变想法、看法，让自己的内心归于平和；其二是以生活临床为基础，调节身心，平静地度过每一天。二者都是实现"自己关爱自己"的秘诀。

只要坚持不懈地实践这两个方面，就必然能够营造既平静又充实的生活。如果用心理学上的专业术语来表达这种生活，就是"Calm Full Life"（让生活平静而充实）。

无论如何，生活的主角是你自己。你要自己帮助自己，过上蒸蒸日上的畅快生活，而我则会为你保驾护航。

目录

第1章　聚焦自己现在的状态

第2章　改变日常的说话方式

第3章　与他人适度相处

第4章 调整生活习惯

第5章　巧妙化解压力

第6章　改变思维误区

我

心里的
小我

小熊

第1章

聚焦自己现在的状态

能够源源不断地激发正面情绪的心理暗示

如果你"为一点小事就郁郁寡欢""被日复一日的压力弄得身心俱疲",心神不宁,焦虑不安,那么不妨暂时卸下压在自己肩上的重担,待你一身轻松以后,再思索一下自己究竟想要什么。来,翻开书页,精神抖擞地开始我们的学习吧。

1 在你眼中怎样才算"普通"？

我在进行心理咨询的时候，经常有咨询者说"想要做一个普通人"。可是，究竟怎样才算是"普通"呢？"普通"的标准因人而异。因此，每每听到这样的话，我都会反问：

"在你眼中怎样才算普通呢？"

你要知道，世上从来都没有所谓规定好的"普通"。即使有，那种所谓大众标准的"普通"也不过是"你幻想出来的"罢了。那么，你所认为的"普通"是什么呢？写下你的想法吧。

假如有一天你也产生了"想要做一个普通人"的想法，那么你要把自己想象中的"普通"详细地写下来，然后照着去做。

比方说，你在某一刻忽然意识到"普通人就应该日出而作，日入而息"，这就证明你已经有了一个具体的目标。

接下来，你无须过多考虑"普通"的问题，而是要把精力放在调整生活节奏上面，让自己把"日出而作，日入而息"变为现实。又比方说，你觉得"普通人应该随心所欲地想去

写出你所认为的"普通"

普通呢？怎样才算

- 说话时直视对方的眼睛。
  _____
- 面带笑容地打招呼。
  _____
- _____
- _____

哪里就去哪里",那么你就要为自己创造更多出门活动的机会。

　　这里我想提醒一些特殊情况,例如你认为"犯了错就应该诚恳道歉"。你当然可以像这样严于律己,可是一定不要将这个标准强加于人。毕竟,"普通"的标准因人而异。

2 降低幸福的门槛

许多人常常把"想要获得幸福"挂在嘴边，可是对于我们来说，究竟怎样一种状态才算是"幸福"呢？也许是腰缠万贯，也许是出人头地，也许是举案齐眉，幸福有千千万万个定义。

不过，真正的幸福，不是憧憬"尚未拥有的事物"，而是"认识到"自己已经拥有的事物。比方说，阳光灿烂，心情愉悦，这真是一种幸福。又比方说，把被子洗了两遍，又顺利地晒干了，真开心。你有没有从这些不起眼的小事当中体会到幸福的感觉呢？再比如，一路绿灯、赶上电车等。这些日常看似平淡无奇，实则五彩斑斓。

其实，获得幸福的方法，就是在生活中"降低幸福的门槛"。当你听到"降低门槛"这几个字的时候，有什么想法呢？是降低到腰部还是大腿？不够不够，还要再低一些。降到膝盖左右行不行？不行，还是不够。要降到脚踝那么低才可以。

能够呼吸，是一种幸福。睡觉时有一床被子，也是一种

幸福。我们要把幸福的门槛降低到这种程度。

　　总想要"获得幸福"的人会陷入"还不幸福""不够幸福"的境地而不可自拔。让我们拥有一双善于发现的眼睛，从日常生活里那些微不足道的小事当中去找寻幸福吧。

3 记录当天不经意间的幸福

你也许有过这样的想法："如果不是眼下这些烦心事，我肯定能获得幸福。"又或者是看到旁人幸福的模样而羡慕不已。很多时候，即使我们降低了幸福的门槛，也依旧会不由自主地紧盯着自己的不幸。

每个人"幸福的方式"都不尽相同。有些人会去罗列幸福的条件。但是我认为，真正的"幸福"从来没有永世长存的"永久保存版"，而是一刹那又一刹那的感触。

在前一个方法里，我们尝试了"降低幸福的门槛"。这一次，我们来写下当天遇到幸福的瞬间。这样的瞬间数不胜数。比方说，逛商店的时候，店里播放的是你喜爱的音乐。比方说，翩翩起舞的孩子，触感柔软的毛巾，刚出锅的香气四溢的面包，偶尔抬头看到的璀璨星空，随着深呼吸沁入心脾的阳光下的空气，还有那让你情不自禁屏息凝神的瑰丽的夕阳。

我们能够在这些小小不言的瞬间感到幸福。幸福不是什么高不可攀的事情，它"恰恰蕴藏在"日常生活里出人意料

记 录 当 天 的 幸 福

- 洗好的衣服晾干了，没有一丝褶皱。

- 商店里播放了自己喜欢的音乐。

-

-

的点点滴滴当中。 当你忽然感到"啊，我现在好开心"时，那么你要意识到，此时此刻你已经坐拥真正的"幸福"了。

那么你在哪些瞬间会感到幸福呢？ 每个人各有各的感触。如果你写下的事情不止一次让你觉得"啊，真幸福"，那么你一定要细细体味，用心感受。

4 调动所有感官捕捉幸福的瞬间

　　我们平时总是慌慌张张、忙忙碌碌，被时间追着跑。不过，即使是在这样的日子里，我们也能通过调动五感，找到幸福洋溢的瞬间。

　　几年前的一天，吃罢晚饭，我正在清洗餐具，女儿突然从身后抱住了我。她把小脸蛋贴在我的腿上，一边闻着我身上家居服的气味，一边说："我喜欢妈妈身上的味道，闻起来好温柔。"然后，她就这样抱着我，摇晃着我的身体。

　　我感受着女儿的体温，以及被她紧紧依偎的、内心暖洋洋的感觉，耳畔传来她动人心弦的话语。这短短的一瞬间，让我感到无比幸福。

　　我们常常会急切地追求幸福，而幸福真正到来的时候，却是毫无预兆、从天而降，宛如一片和暖的向阳地、一阵摇曳的风。

　　让我们对五感来一次总动员吧，不要让幸福的瞬间从身边溜走。去欣赏，去聆听，去嗅闻，去品尝，去触碰。

　　湛蓝的天空、舒爽的空气、婉转的鸟鸣、拂面的清风、

手中杯子的温暖、升腾荡漾的热气、沁人心脾的咖啡的芳香，还有在味蕾上绽放的滋味。

平平淡淡也无妨。

让我们全身心地调动五感，细细品味生活中"啊，真幸福"的瞬间吧。

5 深刻剖析"自己想成为的模样"

你是否曾在某一刻突然萌生出"想成为这样的人"的梦想或目标？这些梦想或目标也许涉及方方面面，譬如，"想要大大方方地表达自己的看法""想要笑容灿烂地待人接物"等。然而，如果目标模糊不清或者不切实际，则常常会让人焦虑不安，产生挫败感。

遇到这种情况，你就要扪心自问：

"今后想要怎么做？"

"想成为怎样的一个人？"

首先，要尽可能清晰具体地设想出自己想成为的模样。然后，把这个模样转化为文字。

尽可能"具体地设想"，这是实现梦想的关键。你心里刻画出来的"自己想成为的模样"是什么样子呢？你的设想一定要鲜活立体，不要忽视任何一个细节。它既可以是远大的理想，也可以是近在咫尺的小目标。即使遭遇旁人的奚落也不要放在心上，重要的是你所刻画的模样是否真正遵从了你的内心。

"自己想成为的模样"是什么样子？

（例）大大方方地表达意见。

- _____

有怎样的面部表情 / 怎样的言谈举止？

（例）充满自信。

- _____

在哪里，面对的是哪些人？

（例）在业务报告会上，面对公司同事。

- _____

而后，你要像看电影一样，把你要成为"自己想成为的模样"之前可能会经历的种种场面印刻下来，例如你是什么表情，身在何处，面对的都是哪些人，说了哪些话，有什么感想，人们又对你说了什么，等等。

6 尝试蜕变为"自己想成为的模样"

现在，你是否已经清晰刻画出并写下了"自己想成为的模样"呢？

仅仅把"自己想成为的模样"写下来，可能还无法满足你的期望。

下面，我来介绍让你"自己想成为的模样"梦想成真的方法。

首先要注意的是，不能只是想想而已，必须将"自己想成为的模样"诉诸笔墨。从写完的那一刻开始，它们就不再是空洞的"目标"，而是"既定事实"。简单来说，你已经变成了"自己想成为的模样"。因此，在日常生活中，无论你做什么事情，你都要把自己当作"已经成为想成为的模样的自己"。

比方说，现实中的你"性格腼腆，怕见生人"，而你给自己设定的"自己想成为的模样"是"自信满怀地与人交际"。那么，你在日常生活中应该选择怎样的方式待人接物呢？

你要主动和人打招呼。与他人交流时，你要面带微笑，

我对自我介绍充满信心，
不在意旁人的眼光。

直视对方的眼睛。你要时刻提醒自己"已经成为想成为的模样"了，你要告别曾经的言谈举止。总之，你已经完成了蜕变。

刚开始的时候，你也许会有些胆怯，假如你陷入了"做或不做"的两难境地，那么我建议你果断选择"做"。因为你的行为都是以"自己想成为的模样"为标准的，所以即使失败了，你也无须自责。

7 提防"踩刹车"的话语

用心写下了"自己想成为的模样"，结果却让自己心烦意乱。

满脑子都是"绝对做不到""没那么简单""反正成不了"。

你刻画自己想成为的模样的时候，是不是心里也会冒出一些对自己的质疑呢？脑海中会不会也此起彼伏地涌现出一些否定自己、打退堂鼓的话语呢？有些人甚至从小到大一直在遭受他人的"你肯定做不到"之类的非议。

一旦这些想法浮上心头，人自然会变得垂头丧气。即使用心制订了目标，也依旧提不起精神，而你思维的误区则是造成这种情况的重要原因。那么我们该如何是好呢？我们应该提防那些给自己"踩刹车"的话语。

像是"能实现吗？"这类畏畏缩缩的话语和"肯定实现不了"这类自我否定的话语，都是在给实现"自己想成为的模样"踩刹车。如果你的脑海中浮现出了这些话语，那么你一定要把它们写下来。

然后，返回上一节"尝试蜕变为'自己想成为的模样'"。

什么是"踩刹车"的话语？

- 反正我是做不到。

- 肯定不行啊！

-

-

-

-

当"踩刹车"的话语浮现在脑海时，你要告诉自己："没有这回事！不试试又怎么知道？"而后，果断投身实践，即使只是取得了一点点不值一提的成绩，也要精神抖擞、意气风发地激励自己："太棒了！大功告成！真幸运！顺利完成！"松开刹车，保持一种梦想成真、风驰电掣的状态。这便是生活一帆风顺的秘诀。

8 想象自己是受访的成功人士

下面我们来进行放飞想象的练习，大胆设想"自己想成为的模样"。

既然你已经成为自己想成为的模样，那么你一定实现了某个梦想。什么梦想无所谓，"讲话不怯场"也好，"取得某种资质，在职场上大显身手"也罢，请你闭上眼睛，畅想你梦想成真之后的样子。

那是怎样的一种景象呢？你又是怎样一番心情？身边的人们又会对你说些什么呢？接下来，想象这样一个场面——你受邀来到采访席，像奥运选手那样接受采访。你站在发言台上，面对着人山人海发表讲话。这时，你在采访中会说些什么呢？

如果你已经设想好了，那么请你完成下面的填空。填写完毕之后，请你大声朗读。另外，我建议你和亲朋好友互相采访。

主持人　"今天有幸邀请到在＿＿＿＿＿＿＿＿＿＿＿
　　　　大获成功的＿＿＿＿＿＿＿先生/女士。"

你　　　"大家好，请多多关照。"

主持人　"请您谈一谈现在的心情吧。"

你　　　＿＿＿＿＿＿＿＿＿＿＿＿＿＿＿＿＿＿＿＿＿

主持人　"请您介绍一下您取得这样的成就的秘诀。"

你　　　＿＿＿＿＿＿＿＿＿＿＿＿＿＿＿＿＿＿＿＿＿

主持人　"具体来说，您都在哪些方面付出了努力呢？"

你　　　＿＿＿＿＿＿＿＿＿＿＿＿＿＿＿＿＿＿＿＿＿

主持人　"今后您是否会借助此次成功，继续大放异彩呢？"

你　　　＿＿＿＿＿＿＿＿＿＿＿＿＿＿＿＿＿＿＿＿＿

主持人　"最后，您对现场的各位还有没有什么想说的？"

你　　　＿＿＿＿＿＿＿＿＿＿＿＿＿＿＿＿＿＿＿＿＿

9 要保持"塞翁失马，焉知非福"的心态

性格内向，在意旁人的眼光；大大咧咧，莽撞冒失；不会审时度势、察言观色……

如果你在反思自我的时候，满脑子都是自己的缺点，那么你需要一场"颠覆大作战"，来扭转看问题的角度。

比方说，你"性格内向，在意旁人的眼光"，如果转变一下思路，或许就能从中找到"照顾他人的感受，从不说人坏话"的积极的一面。同样，如果你为"大大咧咧，莽撞冒失"而烦恼，那么这也许说明你"心胸开阔，不拘小节"。如果你"容易情绪冲动"，其实这也可以叫作"坦然面对自己的情绪"。

试着转变一下看待问题的视角，就像下黑白棋一样，把黑色翻转成白色，把白色翻转成黑色。看似是消极的一面，只需转变一下视角，就能找到积极向上的另一面。这些优点必定会让你喜出望外。

消 极 面

- 大大咧咧，莽撞冒失。
- _____
- _____

积 极 面

- 心胸开阔，不拘小节。
- _____
- _____

10 把目光聚焦于成绩

你是不是习惯用大声喊话的方式激励自己呢？在很多人看来，较之于善待自我，严于律己是一种更为可贵的品质。可是，假如因过分苛责自己而导致自己万念俱灰，那岂不是本末倒置了吗？如果你属于这种情况，那么你要做的就是认可自己现在的状态。

运用前文的方法，刻画自己的理想状态，让心中充满雄心壮志，这无疑是一件很棒的事情。不过，倘若你总是有意无意地拿现实中的自己与理想中的自己相比较，并因此产生"还差得远""做不到"等过于悲观的念头，就会引发自怨自艾的情绪。

你要把目光聚焦到自己的成绩上，即使这些成绩是那样微不足道。

假如你在评价自我的时候唯结果论，那么面对任凭你怎么努力都显得遥不可及的理想时，很容易就会落入自我否定的陷阱。你要做的不是紧盯结果，而是注重过程，"我又学会了一件事""我又明白了一个道理"，像这样享受自己的成长进步。

时 间	成 绩
5/22	虽然厨艺还差得很远，但是我能做出漂亮的厚蛋烧了！

11 一小步一小步地挑战难以应付的场面

　　人是一种遇见困难就想要绕着走的生物。比方说，打工作电话，开会，乃至乘坐一辆摩肩接踵的电车、一部拥挤不堪的电梯，有的人不只是在实际面对这些难以应付的事情的时候，就连想象一下，都会感到焦虑不安，而这类人的数量之多远超我们的想象。如果你遇到类似的情形，那么你要一小步一小步地挑战这些难以应付的场面。逃避这些棘手的事情，只会加重你的畏难情绪，让你的焦虑不安愈演愈烈。

　　比方说，你在人多的场所会感到无所适从。那么当你要出门与人打交道的时候，你可能就会产生"万一事情不顺利可怎么办？干脆不去了吧"之类的想法。当然，你可以选择逃避，然后松一口气。但是，这种做法反而会让你越来越不擅长应付"与人打交道的场面"，最终加重你的焦虑情绪。

　　因此，我希望你能一小步一小步地挑战这些不善于应付的事情。还是拿刚才那个例子来说，你可以先试着约三两个好友，选择一个让你安心的地方，一起喝茶或者共进午餐，

尽可能多地相处一些时间。

当你逐渐适应了以后，你就可以参加四五个人的聚会了。先行离席也没有关系。不擅长参加会议、发表意见的人同样不要急于求成，可以先在家人和朋友面前锻炼一下自己。

面对难以应付的事情时，不要给自己过多压力，关键是要保持"勇于尝试，点滴进步"的心态。

12 屡败屡战

"不想失败。""要是给人添麻烦了可怎么办？""不想让人觉得我无能。"

"畏惧失败"的人常常害怕抛头露面的工作，或者不擅长迎接新的挑战。这是为什么呢？因为他们把"失败"看成"坏事"。当你把"失败"定义为"羞耻""恶劣"时，你就会极端畏惧失败。而且，每当面对存在失败风险的场面时，你就会感到不安、紧张。那么，你要做的就是改变对失败的定义。

换言之，就是不再把"失败"看成"坏事"，而把"失败"当作一件"正常的事"。"从没有常胜将军""还不熟悉情况，失败在所难免"，如果你能这样看待失败，那么心情就会更加放松。

不去挑战，甚至都没有失败的机会。今后，不妨就把"失败"看作一件"好事"。"这次失败让我有了一个新的发现""这次失败，让我有了一点进步"，这种思维的转变不仅能够改善我们的情绪，还能让我们充满斗志——"太棒了，

又有了新的收获。"

　　你是把失败看作失败，还是看作一次学习和收获的机会？接下来你会止步于此，还是勇往直前？你想要成长进步吗？如果想，那就勇敢地屡败屡战吧！

　　每一次失败，都会让你离成功更近一步。

解说 过高的追求会刺激焦虑情绪

当"幸福是什么？"这个问题突然闯入你的心房时，我建议你从以下两个角度来思考，即"行动"和"存在"。很多时候，我们更为关注"美餐一顿""旅行一场"之类的"行动"。这种聚焦于"行动"的思维方式被称为"行动模式"。一旦采取这种模式，我们就会紧盯"行为"和"结果"，而在评价的时候，往往也只有"没做到""还没做到"。

然而，在追求幸福的时候，更应该采用"存在模式"，也就是把焦点放在感受之类的"状态"上面，关注迄今为止的经历体验。"幸福"不是憧憬"尚未到来"的事物，而是要从"已经拥有"的事物中寻找。转换思维方式，说不定下一刻幸福就会出现在你的面前。幸福的秘诀在于降低幸福的阈值，在于能否从细微之处感受到幸福，在于能否意识到幸福的所在。为此，让我们敞开心扉，调动五感吧。

本章的方法已经介绍完毕，不知道你是否已经清晰地刻画出了"自己想成为的模样"呢？"成为自己想成为的模样"是心理训练的环节之一，其有效性已经得到了脑科学方面的证实，并被许多顶尖运动员和成功人士所采纳。

其实，人脑并不能很清楚地区分人的想象和现实。对于人脑来说，像电影那样具体而清晰的想象与现实情境并无差别。

所以，当你想象的时候，你一定要把自己的表情、神态、语调、语气以及肢体动作尽可能想象得生动而准确，而且要反复多次地想象。

反复想象"自己想成为的模样"，对于大脑而言就如同是在练习骑自行车和游泳，而这种"肌肉记忆"即使过去很多年都不会被遗忘。如果你经常在脑海中重复"想象自己是受访的成功人士"的方法，而想象中的成功体验又会让你精神振奋，那么大脑就会强化对这种斗志昂扬的情绪的记忆。

通过这种将"外在感觉"和"内在情绪"相融合的技巧，让大脑产生记忆，就可以轻而易举地在现实情境中重现你的想象。

此外，"一小步一小步地挑战难以应付的场面"这一方法其实对应的是认知行为疗法当中的"暴露疗法"。每个人都害怕受到伤害，害怕精神受到折磨，因而总是去逃避让自己焦虑不安的场面。然而，"逃避"只能带来一时之快。屡屡"逃避"，只会进一步放大畏难情绪。

在你刚开始直面棘手的场面时，不安的情绪最为强烈。之后，不安感便会慢慢减弱。因此，请你运用"暴露疗法"

反复练习，让自己习惯于挑战令自己焦虑不安的场面。不要强求自己立刻挑战高难度的场面，而要从"只要努力就会有所改观"的层次开始循序渐进。如果你也存在畏难、逃避的情况，那么你一定要一小步一小步地勇敢挑战，逐渐适应那些会让你心烦意乱的事物。

第2章

改变日常的说话方式

不要让消极言论
伤害自己

你在不经意间会把哪些话语挂在嘴边呢？

你脑海中有没有闪过"不管怎样""反正""做不成""真麻烦"之类的话语呢？"不管怎样都是一团糟，反正再怎么干都成不了"，有些时候感觉眼前情况不妙，这种话会不会从你嘴里脱口而出呢？然而现实情况果真如你所说吗？

假如，你的口头禅缔造的是你的人生，你会怎么做呢？假如，改变口头禅就能改变眼前的现实情况，你又会怎么做呢？

我们究竟应该怎样说话呢？一起来一探究竟吧。

13 写出你脱口而出的口头禅

你平时有没有过失落、急躁的情况呢？如果有，那么你需要自查一下口头禅。你在生活中会把哪些话挂在嘴边呢？或者你的脑海里又经常闪过哪些词语呢？

"反正""并没有""做不成""白费劲"，生活中总是把这些话语挂在嘴边的人，往往容易抑郁，容易萎靡不振。

"一团糟""也就那么回事""还是老样子""反正没戏"，生活中总是把这些话语挂在嘴边的人，往往暴躁易怒。

为什么会这样呢？这是因为口头禅反映的是一个人的思维方式。如果你想过祥和而又快乐的生活，那就要把"成功了""做到了""太棒了""真幸运"之类的话语加到你的常用语中。

其实，不只是中彩票才算幸运，也不必是获得诺贝尔奖才算成功。即使没有丰功伟绩，我们也要从寻常小事当中发掘自我肯定的小幸福，把幸福的话语挂在嘴边。

"谢谢"是最能让人感到幸福的词语。生活中的一点一滴

都来之不易，因此即使是一件无足轻重的小事，也要养成感恩致谢的习惯。

14 给自己起一个昵称

厌烦、痛苦、悲伤、烦躁、孤独。

或许现在你的心里一团乱麻。你有哪些不堪回首的往事呢？很长一段时间以来，你也许都身处痛苦之中。心理医生倾听咨询者的话语，目的是了解对方的感受和经历并与之产生共鸣。可是，人与人的感受不可能完全相通。心理医生也无法真正了解"痛苦"这个词对你而言意味着是多么煎熬的痛苦，"悲伤"这个词对你而言又意味着是多么巨大的悲伤。

只有你，才是最了解你自己的人。这本书想要传递的重要信息之一便是面对自我。苦闷也好，纠结也罢，今后你还将无数次与自己对话。你要温柔地对待自己。那么这个时候你会怎样称呼自己呢？这里我们不妨练习一下。

你想要怎样称呼自己呢？我一般称呼自己为"祐子"或"小祐"。有些人可能排斥用自己的名字来称呼自己。以前我也是这样。不过，经过不断练习，我不仅习惯了自己与自己对话，而且比之前更加欣赏自己了。当你能够很自然地对自

已说"〇〇，加油，一定没问题"的时候，你的情绪也会随之好转起来。

15 给你悲观的预期加一个"未必"的前缀

"心情可能会变差""有可能会失败""可能会被人说三道四"等，你是否也曾因为类似的预期而感到紧张不安？这种悲观地预测尚未发生的事情并为此焦虑不安的状态，被称为"预期焦虑"。

这时，你要在每项预期的前面加上一个"未必"。

比方说，"心情未必会变差""未必会失败""未必会被人说三道四"。

总之就是，悲观的预期未必会成为现实，也可能一切都平安无事，甚至会顺风顺水。无论如何，都不要自说自话地认为会有坏事发生。你要做的是客观分析事情发生的各种可能性。

对于一些凡事都习惯往坏处想的人来说，一定要学着给这些想象加上"未必"的前缀，从而抚平内心的紧张和焦虑。

16 "没问题"不需要依据

当你焦虑的时候，是不是总往坏处想？只要这么一想，那些令人忧心忡忡的念头便会一连串地冒出来，直到让你陷入无穷无尽的烦恼的旋涡。这种思维方式，我们称之为"反刍思维"。

一旦陷入反刍思维，人就会想要急于消除"这可行吗？这没问题吗？"之类的不安情绪，进而导致思虑过重，产生新的焦虑，最后陷入恶性循环。

在这种时候，你要大声告诉自己："没问题！"

"没问题！""就算这次不成功，以后也一定能成功。""虽然没有什么依据，但是肯定没问题。"

当你告诉自己"没问题"，让整个人稍稍镇定下来之后，你要怀着"这么下功夫，肯定没问题"的想法，去寻找"没问题"的依据。而到了这一步，"没问题"的魔力就已经在你身上应验了。

只有了解自己的长处，相信自己的潜力，才能拥有无可撼动的自信心。

而且，你只有真正信赖未来的自己，才能拥有"没问题"的信念。 不论你遇到多大的困难，你都要大声告诉自己："一定没问题！"

17 舍弃"必须"

"资料必须准备得万无一失。"

"打扫卫生、买东西、做饭，这些必须都忙完了才能出门。"

如果你在心中默念的"必须"已经让你感到痛苦，那么不妨把这个词语暂且丢在一边。必须型思维，又被称为"应该思维"，如果频繁调动这种思维，就会让自己饱受压力而喘不过气来。

"那件事必须做好""这件事不做也不行"，当你产生这种想法并付诸实践的时候，的确会让自己离理想的模样更近，但如果你过度逼迫自己，就会让自己时刻处于紧绷状态，精神得不到放松。而且，一旦事与愿违，你就会陷入自责之中。

我们的生活原本就不可能事事一帆风顺。

"本来应该做某事，但怎么也做不好""必须完成某事，可我就是不行"之类的想法会让你产生自责、懊恼的情绪。

而且，当你把必须型思维强加于人时，你就会因为"某事必须做好，但他却没做好"而去苛责他人。

　　必须型思维有助于建立秩序，实现理想生活，可是正所谓过犹不及，有时它也会伤害到自己和他人。你有没有陷入必须型思维当中呢？自我检查一下吧。

18 自我否定的时候更要告诉自己 "算了，差不多就行"

"这样下去可不行""必须再努力一点""大家都能做到，我也必须做到"——你是否也曾像这样敲打过自己？

"不能放纵自己""必须时时刻刻督促自己努力"，这种追求理想、自我鞭策的良好状态其实只是徒有其表，长此以往，这种苛责自我的做法只会导致人情绪低落、心灰意冷。

假如你一贯敲打自己，那么从今天开始，你要养成对自己说"算了，差不多就行"的习惯。当你告诉自己"算了，差不多就行"时，就说明你接纳了不完美的状态，认可了自己和他人。可能有些人一听到"算了，差不多就行"，就会很反感，认为这句话毫无道理。但恰恰是这些人，我建议他们要多说这句话。每天坚持说下去，直到能够接纳自己，发自内心地告诉自己"算了，差不多就行"。

算了，差不多就行。

19 不论遭遇怎样的失败，都要告诉自己"别再反省了"

我还在进修的时候，总是笨手笨脚，每天都会犯错。每次受挫，我都会灰心丧气，老是苦着一张脸。每当这个时候，老板都会对我说："别再反省了。"这句话他不知道说了多少次、多少年。一听到这句话，我就像条件反射似的产生一个疑问："那么，我该怎么办呢？"但是老板从来都不告诉我答案。

他只是不断地告诉我"别再反省了"，同时又对我置之不理。不过，经过多年在老板身边的历练，我被说"别再反省了"的次数越来越少了。

这是为什么呢？答案很简单，因为我不再自我检讨了。

不要因为曾经的失败而陷入自责，而要思考"现在能做什么"，并积极地采取行动。如果你是一个容易陷入自我反省的有"反刍思维"的人，那么你要学会用"别再反省了"这句话来打消这个念头。

停止反省，
才能走出失落。

20 放声夸奖自己

如果你想要改变自己，增强自信，那就从夸奖自己开始吧。每天放声夸奖自己，这一点尤为重要。

比方说，你忙完了一天的事情，在回顾这一天的经历时，想起了一件能够激励自己的好事。那么，你一定要出声呼唤自己的名字或者之前给自己起的昵称，然后夸奖自己。

"小祐，今天有一件高兴的事，你做得很棒！"就像这样夸奖自己，而且一定要发出声音。可以是在洗澡的时候，也可以是在被窝里。

"今天做了家务"，像这种单纯的事件回顾还远远不够，关键是要表扬自己——"祐子，今天家务活你干得很辛苦，太棒了！"假如你回想一天的生活，是一片空白或者只有痛苦，那么你也要夸奖自己："祐子，今天你又坚强地度过了一天。"

夸奖自己，绝不是放松对自我的要求，也不会让自己变得越来越差。这样做的主要目的是让你不要过分逼迫自己，可以轻松卸下身上过多的压力。

　　请你每天坚持放声夸奖自己。这将为你树立自信心奠定牢固的基础，让你微笑着面对可能会遭遇的失败或不顺心的事情。

21 养成说"劳驾，帮我一下吧"的习惯

有些人即使在手忙脚乱、应接不暇的时候，面对他人"帮你一下吧？""有没有我能帮忙做的？"等类似的询问，也会拒绝说"没关系""不用不用"。如果你是这一类人，那么你可能白白损失了很多东西。

为什么这么说呢？因为你可能放跑了与人加深联系的机会。而且，你或许也失去了一次关爱自己、让自己得以休息的机会。

当你已经精疲力竭时，你要学会说"这件事请你帮帮忙""请你指导一下"。

一个人越是优秀，就越容易产生"与其靠别人，还不如我自己干效率更高"的想法，但这种想法可能并不正确。而且，如果把"求助他人"看成"与他人打交道的机会"的话，那么这就不再单纯是工作效率方面的问题。除此以外，较之于一个人闷头苦干，接受他人的指导帮助还有可能让你得到新的收获。

在我看来，求助他人并不代表"自己是一个无能的人"，

反而意味着自己是一个"擅长与他人协作的人"。

当你遇到难题时，你不能像苦行僧那样逼迫自己，而要懂得体贴、关爱自己。从这个角度而言，求助他人也未尝不是一件美事。

22 储存让你精神振奋的话语

在我还是研修生的时候，有一次老板对我说："你很有精气神啊！"当时我还不太理解"精气神"这个词的意思，不知道他是在夸奖我还是讥讽我，于是我问道："精气神是什么意思？"结果我记得老板很无奈地丢下了一句："自己查去。"

当我查到了这个词语的含义之后，这个词语便一直激励着我。而另一句激励我的话则是"你不要停下脚步，要坚持奔跑下去"。

那么，你有没有类似的激励自己，让自己精神振奋的话语呢？

这些话语可以是他人对你说过的，可以是书籍里的一段话，也可以是电影台词。请你略微回想一下，然后把浮现在脑海中的你所欣赏的话语写下来吧。

而后，你要时常重温这些话语。它们会提醒你不忘初心，让你始终朝气蓬勃。

储存激励自己的话语

- 笑容很灿烂嘛！
- 关注点与众不同啊！
- 很有精气神啊！
-
-
-
-

23 不要吝啬对他人表达感谢

有人对你说"谢谢"的时候，你是怎样一种心情？

想必你心里会感到很温暖——"很高兴自己帮上忙了""收到人家的感谢，很开心"。

没错，"谢谢"这个词语不但能向对方表达感谢之情，还能让对方感到幸福。

有些人在得到他人的帮助时会不好意思地说"抱歉，给你添麻烦了"，这样说话实在是太可惜了。受人关照的时候怎么能说"抱歉"呢？难道不应该说"谢谢"吗？

从施以援手之人的角度来说，受助者的感谢会让他感到高兴，但如果受助者向他道歉，反而会让他觉得尴尬。

对于他人小小的帮助，你也应该表达感谢。比方说：擦肩而过的陌生人为你让路，你要说"谢谢"；有人帮你递过来桌上的酱油，你也要说"谢谢"。为了让你和他人都感到幸福快乐，请一定不要吝啬你的"谢谢"。

妈妈，谢谢您照顾我。

24 情绪激动的时候，表达要放慢语速、简明扼要

　　勃然大怒，结果出口伤人。如果你曾出现过这种情况，那么你要了解一下下面这种表达顺序，它能帮助你更好地向对方表达你的意思。

　　①控制自己的情绪。 首先，你要掌控自己的情绪。要对自己的情绪有一个准确的认知，比方说"我受到了刺激""我正在生气""感觉被人耍弄，心乱如麻"。如果情绪格外激动，那么你要慢慢地做一次深呼吸。

　　②在心里梳理要表达的内容。 最重要的无疑是自己的感受。你要明确"自己想要怎么做"。此时，你不要过分体恤对方的情绪，也不要瞻前顾后地假想各种情况。你要做的是问自己想要怎么做。

　　③放慢语速。 如果你在向对方表达的时候依然无法控制自己激动的情绪，那么你要有意地放慢语速。"这么说吧……"说完以后调整一次呼吸。"你容我说一句可以吗？"说完以后再调整一次呼吸。要用比平时慢几倍的语速表达。

　　④说出口的话仅限于想要表达的内容。 有些人在说话的

时候会不停地翻旧账。一定注意不要主观地把现实情况和
"当时就是这样"之类的陈年旧账扯到一起。简明扼要地把想
要表达的内容表达出来即可。如果你希望对方做一些改变，
那么不要掺杂批评和否定，只提出你的"建议"即可。

25 要"表达事实"，而不要"表达情绪"

对于那些说着说着就忘记了想要表达的中心思想，在情绪的干扰下不知道如何表达的人来说，在表达时可以遵循以下四个步骤。

①**剔除情绪化的语言。** 首先，你要明确你想向对方表达什么事情，你的目的是什么。然后，暂时把激动的情绪放在一边，用记笔记的方式把"希望对方解答疑惑""希望对方确认""希望在拒绝的时候不给对方造成伤害""只是想确认一下对方的意见"等事实性的内容写下来。

②**优先告知事情的要点和结论。** 有些人会没完没了地解释过程。这种"想要讲清原委"的心情可以理解，但是只有先把结论告知对方，才能让整体表达更为简洁。例如，你可以设想自己正在进行业务对接——"请核对资料的修改部分""请调整日期"。

③**阐述依据和过程。** 告知事情的要点和结论之后，就可以开始阐述依据和过程了。如果你将②③的顺序对调，就有可能给人留下一种"啰里啰唆，说话找不到重点"的印象。

而且，如果你想要镇定自若地向对方表达"希望对方理解你的心情"等个人情绪，那么在表达之前你要把它写下来并梳理清楚。

④**确认协商结果。** 汇报、洽谈之后，要确认协商的结果。把自己头脑中的理解转变为语言，确认双方的看法是否一致，这样可以有效防止意见出现分歧。

解说 "你对自己说的话"左右着你的人生

一个人的口头禅反映了他的思维方式和生活方式。"但是"会否定之前的沟通交流。"反正"会引出"白费劲、注定失败"等否定性的结论。"不论如何"经常用于标榜自身的正确性和为自己的失败找借口。"为什么"多用于自责和批评他人。"我不懂"则与"放弃思考"等思维习惯息息相关。

口头禅并不是简单的牢骚话，它们是你内心深处思想的反映，是你对自己释放的信号。总是把带有否定色彩的口头禅挂在嘴边，就会固化负面的思维模式，进而对整个人生造成消极影响。

因此，我们要让口头禅释放积极向上的信号。悦纳自我，凝神静气，提升自我肯定感，激励自己不断奋勇向前，让自己的人生变得更加美好。

第3章

与他人适度相处

如何保持
舒适的距离

　　有些人总是唯唯诺诺地在意他人的脸色，有些人因为揣测他人的话语而意气消沉，有些人畏惧人际交往，有些人待人接物非黑即白，涉及人际关系的烦恼可谓无穷无尽。

　　在与人交往的过程中，产生这些焦躁、烦闷的情绪其实不足为奇，但是积少成多，长此以往难免会让人叫苦不迭。

　　我们虽然无法改变他人，但是可以改变自己待人接物的方式，避免在人际交往中受到伤害。接下来，让我们马上来看一看具体的方法吧。

26 不要用读心术揣测他人

"这个人肯定是这么想的""他肯定讨厌我",有些时候我们会这样妄加揣测他人的想法。在认知行为疗法当中,这种思维误区被称为"读心术"。如果你因为臆断他人的想法而导致自己悲观失落,那么你就要反思一下自己是否存在"读心术"这种扭曲的思维方式。

其实,任何人都无法看透他人的内心。请不要再因为你无从得知的事情而随随便便地陷入失意之中。告别这种思维,你自然也会减少许多无名之火。

"只有沟通对话,才能了解彼此真正的心情。""不要再为无从得知的事情闷闷不乐了。"这些才是可取的思维方式。

27 看看自己是否在意他人的眼光

　　你是否在意他人的眼光？如果你是一个在意他人的眼光和评价的人，那么你要有意识地告诉自己"不要把别人的看法当回事"。

　　如果一个人过分在意他人的眼光，就会紧张过度，张口结舌，或者一旦身处人多的场所就会感到焦虑不安。其实，周围的人并没有那么关注你。大家都在为自己的事情忙得不可开交，几乎不会有多余的精力来关注你。

　　而且，你根本不需要他人来评判你是怎样的一个人，具有哪些价值。即使内心焦虑，你也从未放弃，而不懈奋斗着。你历经磨难，时至今日仍旧好端端地生活在这世上，而其他人根本无法了解你在经历过这一切之后的心情。

　　假如有人仅凭你的外在就片面地轻视你，那么你完全可以无视他的存在。如果有人在对你一无所知的情况下就擅自诋毁你的价值，那么你也无须把他放在心上。

　　"不要把别人的看法当回事。""我的优点我最清楚。"

　　来，放开声音念出这两句话吧。你的优点不胜枚举，而
这无关乎他人的看法。

28 用"咦，竟然如此""噢，原来如此"化解看不惯的事

玩手机不看路、挤电车时插队，社会上不遵守规矩的人多如牛毛。你是不是一看到这类人就气不打一处来？一个人的正义感越强，做人越规矩本分，就越容易为这种事生气。

当你因为"那个人做得不对"而火冒三丈的时候，你要在"自己的价值观"和"对方的价值观"中间画一道线。"我能做到，但对方做不到""原来他是这么一个人"，想到这里即可，无须继续沉浸其中。

比方说，你和一位老年人在电车里站着，面前的座位上坐着一个年轻人。你可能会因为这个年轻人没有给老人让座而感到恼火。这时，你只需把这看作是一个无可改变的事实——"如果是我就会让座，但是他和我不一样"，仅此而已。

如果在这个想法之后再加上"咦，竟然如此""噢，原来如此"，那么效果会更好。

大致过程是这样的——"如果是我就会让座，但是他和我不一样""咦，竟然如此""噢，原来如此""人上一百，形形色色啊""可能他是累了吧"。

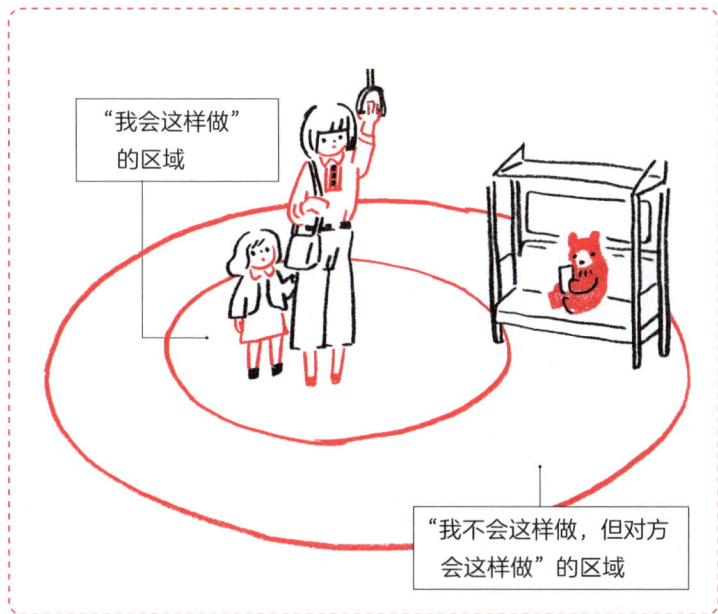

"我会这样做"的区域

"我不会这样做，但对方会这样做"的区域

　　当然，你也可以开口要求年轻人让座。

　　可是，问题在于你所认同的"规矩"未必适用于对方。

　　"对方这么做也许有他的缘由吧"，或许只需转变一下想法，心中的不快就会烟消云散。

29 撕掉贴在他人身上的标签

"这个人不好对付。""第一次看不顺眼的人以后也看不顺眼。""他说话很粗鲁，挺吓人的，他说不定也会对我开炮。""满嘴漂亮话，肯定是想拿我当枪使，千万不能掉以轻心。"

因为偶然的一件事而先入为主地对他人评头论足，我们称之为"贴标签"。你有没有给谁贴过标签呢？试想一下你认为不好打交道之人的面孔，写出自己贴在他身上的标签。然后，你可能会发现，你在他人身上贴上了"骗子""冷漠""蛮横""奸诈""可怕"等各式各样的标签。

接下来，回想一下你认为不好打交道的那个人有没有"出人意料的一面"。"有重感情的一面。""有心思缜密的一面。"当你摘下了那种有色眼镜，或许就能发现此前忽略的积极面。

无论什么时候，都不要无端揣测对方，而要立足于"人有千面，心有千变"的观点，发掘对方身上的其他特质。当你意识到"自己也会由于外在、内在的不同状态而有所改变"

的时候，你自然能够体谅对方的态度。

　　假如你只是在脑海中推演这个过程，那么你便会被不由自主地引向对方让你讨厌的一面，心情会变得愈发烦躁。所以，一定要把这些"出人意料的一面"写下来。

30 秉持"我是对的""你也是对的"的标准

　　抑制不住地想要斥责对方，低声下气地责怪自己。你属于哪一种呢？

　　在想要斥责对方的人眼中，"我是对的（√），对方是错的（×）"；在自责的人眼中，"我是错的（×），对方是对的（√）"；而在永远持悲观态度的人眼中，往往是"我是错的（×），对方也是错的（×）"。

　　那么该怎么办呢？无论面对哪种情况，我们都要秉持"我是对的""你也是对的"的标准，也就是"我和对方都没有错（√）"的观点。

　　他人取得成功，并不意味着我的失败。虽然我和他价值观不同，但这不足以说明他是错的。

　　这并不是在玩跷跷板，不是有人在上，就必然有人在下。

　　你可以开诚布公地和对方聊一聊，或者当自己出现妄自菲薄的情况时，大声提醒自己"我和他都没有错"。正确（√）是可以共存的。希望你能够时刻秉持"双方都没有错"的标准。

31 为自己包裹上一层刀枪不入的"透明膜"

因为过于擅长察言观色而疲惫不堪，或者因为全盘接纳对方的言行而备受伤害，又或者在人际关系方面存在无从下手的难题。这时，你不妨在自己的四周包裹上一层无形的透明膜。

许多不擅长处理人际关系的人，因为害怕受伤，便在自己周围筑起厚厚的屏障，让自己蜷缩在屏障之内，把自己笼罩在一种拒人千里之外的气息当中。

这种严防死守的姿态，会让旁人感到难以接近。但如果走向另一个极端，撤掉所有自我防护的壁垒和铠甲，对他人的意图和情绪格外敏感，同样会遭受迎头痛击。

想要和他人保持适当的距离，在保护自己免受伤害的同时能够与人顺畅地沟通交流，那就要在自己的四周包裹上一层无形的透明膜，就好比把自己装入一个不大不小的透明扭蛋中。

因为这层膜是透明的，所以我们既能察觉到对方的情绪和意图，又能像铺了垫子那样有所缓冲，避免自己遭受直接的

伤害。

　　因为这层膜是透明的，所以也不会给对方留下戒备森严的印象。这样做既保护了自己，又与对方保持了适当的距离，可以安全、安心地沟通交流。

　　当你将这层透明膜运用自如时，你便能够在保护自己的同时构建良好的人际关系。

32 略微显露一些棱角

你是否有过悉心体察对方的态度，为了不让对方生气，害怕对方受伤，结果却委屈自己，言不由衷的经历呢？是否有过事先用心揣摩对方的心思，发言时审时度势，规避矛盾，然而却在不知不觉之间身心俱疲的情况呢？

没有一个人的言谈举止是所谓"正确答案"。对方和我们的价值观不同，不代表对方就是绝对正确的。

不妨来做一个"我与对方的看法和而不同"的思维练习。

这个练习分为以下两步。首先，要独立思考，形成"这是我的看法"这种明确的价值观，换言之就是明确自己的中心思想。其次，仔细询问对方是怎样想的。

我们既不需要与他人一较高下，也无须把自己的认知强加于人。

如果在交流的时候总想避免"棱角分明"，那么自己的主张就无从谈起。

有一些棱角也未尝不是一件好事。

因此，我们首先要经常提醒自己如何思考，其次还要经

常与自己对话，了解自己的心情和想法。

　　假如你曾有过因为回避"棱角分明"而闭口不言的情况，那么请你参照第 2 章的内容，勇敢大方地表达自己的看法吧。

33 遇到自鸣得意之人的时候要顺水推舟

那些自吹自擂、高高在上之人的话语，或者上司、上级趾高气扬的做派，都难免让你心生不快。当你遇到这种情况时，你要做的就是配合对方居高临下的目光，主动调整自己的立场。

当对方问你"厉害吧？"的时候，你可以回答"真厉害"，也可以回答"请您给我讲讲吧"。

当然，你没有必要发自真心地放低姿态。从你的角度而言，你也是一个完美的人，你们之间并不存在孰高孰低的问题。

你只需要配合对方的世界观，扮演好自己的角色，保证你们能够顺畅地沟通交流就行。

如果你遇到了自鸣得意之人，你要做的就是顺水推舟。而你只要自己心里清楚，你这是在成全对方的自鸣得意就好。

当你掌握了这种思维方式，你的情绪被周围人的言行所左右的情况就会越来越少。

34 把棘手的人际交往比作天气

本以为对方会勃然大怒，结果却亲切友好；本以为能够和睦相处，结果对方却对自己冷眼相待。你是否也曾受制于对方的情绪呢？此外，任凭你百般叮嘱，对方仍旧未信守承诺，或者在沟通交流上离题万里，跟不上你的进度，又或者你着急上火，对方却总也弄不明白你的意图。想必你也一定遇到过类似的情况。

然而，很多时候你被对方的言行搅得心烦意乱，对方却仍是一副若无其事的模样，这让你的愤怒显得毫无意义。

对于这种情况，你要把与对方的交往看成"天气"。天气变化莫测，风雨无常。天要下雨，就算你心情烦闷也无能为力。二者的道理是相通的。

总而言之，关键在于不要让自己被对方的言行所左右。你可以改变自己，但是无法改变他人，没必要为自己无法改变的事物劳心伤神。

人际交往就像天气。比方说，当你遇到一个啰里啰唆、

让人心烦的人时，你不妨把它想象成"今天是个下雨天"，这样你的心里可能会舒服一些。

35 结伴学习，分享体会

前文介绍的方法不知道你坚持了多久？

"一个人学习的话很容易就懈怠了""三天打鱼，两天晒网，最后不了了之"，可能有些人会遇到这些情况。独自一人即使非常努力，往往也很难成功。

将这些方法坚持下去的秘诀是结伴学习。我组织过线上团体咨询，将拥有同样烦恼的人们集中在一起，共同学习同一个方法，深感实行这种方式的效果比独自学习更加明显。

为什么会这样呢？因为结伴学习对人而言，不仅是一种"并不是只有我一个人遇到了困难"的慰藉，也会对人产生一种"既然同伴能够做到，那么我也要试试"的激励作用。而且，通过询问同伴的所思所想，还能引发"我也有这种情绪""原来还可以这样看问题"之类的共鸣。

假如你拿到了这本书，并且计划践行书中的方法，那么我建议你找一个同伴。这个同伴可以是家人、朋友、同事。在实践这些方法的时候，你们可以分享彼此的心得体会。

当你内心的烦躁情绪久久得不到疏解时，你也无须独自

忍耐，而要勇敢地寻求医疗机构和心理医生的帮助，积极前往心理科、精神科，或者找到国家认证心理师、临床心理士进行心理咨询。

解说 不要受困于人际关系，不要迷失自我

　　许多不善于交际的人小时候都曾在亲情、友情等人际关系中受到过伤害或挫折。他们给人际关系添加了许多看不见、摸不着的条条框框，比如"不努力，自己就没有存在的价值""自己有义务让别人快乐""一个没用的人会被别人抛弃""谁都无法理解我"等。

　　如果你迷失了自我，那么对方的一举一动都会扰乱你的情绪，因此你要做"自己的主心骨"，倾听内心的声音。你要告诉自己，你是有价值的，你可以表达自己的情绪。

　　同时，你也不要忘记，要像对待自己那样尊重他人、关爱他人。虽然你们的看法不同、价值观各异，但这并不意味着对方是错的。要学会让自己与他人保持适当的距离，彼此互敬互爱。

第4章

调整生活习惯

不要让身体的不适与心灵的不适互相干扰

　　经常有咨询者对我说："最近总是没精打采……"这时，我便会问他几点睡觉，都吃些什么饭。一些心理问题其实来源于生活疾病。心理和生活密不可分。精心调整生活节奏便是生活临床。切勿轻视"生活临床"！下面，让我们来看一看你的生活有没有成为疾病的源头。

36 了解生活习惯的形成机制

你或许曾经下定决心"一定要早点起床"，为此在枕边摆上了无数个闹钟。如今，你还在坚持早起吗？可能很多人都是一时兴起。事实理当如此，毕竟"回到从前的自己"是我们每个人的天性。

这种天性在心理学上叫作"稳态"（Homeostasis）。稳态，是一种"尽可能保持现有生活及环境不变"的平衡机制。你的大脑的首要任务就是维持"现有状态"，也就是维持生命活动。无论这个状态是好是坏，人类这种生物都安于"维持现状"。

如果是好的生活习惯，能坚持下来就很厉害。比方说，为孩子准备便当。即使孩子提前说过"今天是例行测验，不用准备便当"，但等自己回过神来，却发现自己仍然下意识地制作了便当。这种习惯一旦形成，那么人就能半自动式地坚持下去。

另一方面，如果是"早起""锻炼"之类的习惯，即使你拼命努力，大脑也会优先维持现状，结果就是三分钟热度，

草草收场，重新回到之前的状态。想必这种情形大家都有过亲身体验。

想把新的观念或行动形成习惯，需要持续性、有意识的改变。这是一场与稳态的战斗。因此，对待书中的方法，不要浅尝辄止，而要反复实践，不断练习。

37 查明自己是身体不适还是心理不适

　　如果你感觉不适，那么你可以试着记录下自己每天的生活。生活节奏的变化与心理变化息息相关。记录生活能够帮助你回顾自己的身心状态，就像"自我监测"（self-monitoring）一样，通过客观记录自己的行为，必定能够有所发现。

　　比方说，昨天几点起床，几点吃的早餐，上午进行了哪些活动，几点吃的午餐，下午又做了什么，吃晚餐是在几点，有没有洗澡，玩了多长时间的手机，看了几个小时的电视，等等。你还可以记录下当天的感悟和思考。

　　此外，很多时候，气温、气压之类的变化也会影响人的心理。通过记录天气、气温，也可以从中找到自己的身心变化与气象状况之间的关联。

做一张行为记录表吧

时间	／　（　）	／　（　）	／　（　）
6：00			
8：00			
10：00			
12：00			
14：00			
16：00			
18：00			
20：00			
22：00			
24：00			
2：00			
4：00			

38 产生幸福荷尔蒙

你平时是否有焦虑、失落情绪，或者心烦意乱、夜不能寐的情况呢？如果有，那可能是"幸福荷尔蒙"的水平偏低所致。幸福荷尔蒙，指的是一种脑神经传递物质——血清素。它的作用是抑制影响兴奋和快乐的多巴胺以及影响恐惧感的去甲肾上腺素的分泌，促进精神安定。

一旦血清素减少，人体就无法稳定控制多巴胺和去甲肾上腺素的分泌。当二者失去平衡时，人就会处于一种烦躁的状态，或者具有更强的攻击性，从而加剧不安和紧张情绪。

只有正常分泌血清素，人才能维持情绪稳定，在生活中保持积极向上的心态。我将在本章中介绍如何生成"幸福荷尔蒙"——血清素。

血清素水平

39 充分利用快速眼动睡眠和非快速眼动睡眠的功效

　　"有烦心事不要紧，睡一觉就忘了。"你对这句话是不是很熟悉？这句话真实地反映了睡眠的功效。为什么这么说呢？因为睡眠不仅能缓解身体的疲劳，还能让大脑得到休息，整合、巩固人的记忆。

　　睡眠分为非快速眼动睡眠和快速眼动睡眠两种。一次非快速眼动睡眠与一次快速眼动睡眠交替形成一个周期，一个从入睡到起床的正常睡眠过程大约要重复五个周期。非快速眼动睡眠是让大脑休息的睡眠，能让人在入睡后的前半段时间内，进入深度睡眠，此时睡眠具有清除白天"讨厌的记忆"的功效。而快速眼动睡眠是让身体休息的睡眠，睡眠较浅，睡眠时眼球还会转动，做梦就发生在快速眼动睡眠期间。

　　快速眼动睡眠会将白天获得的新记忆与之前的记忆、经验关联起来进行整合，以便下次大脑能够顺利提取。

　　非快速眼动睡眠与快速眼动睡眠循环往复，不仅让身体和大脑得到休息，而且还能整合记忆。

　　因此，如果你有了烦心事，不如早些睡觉。在睡眠期间，

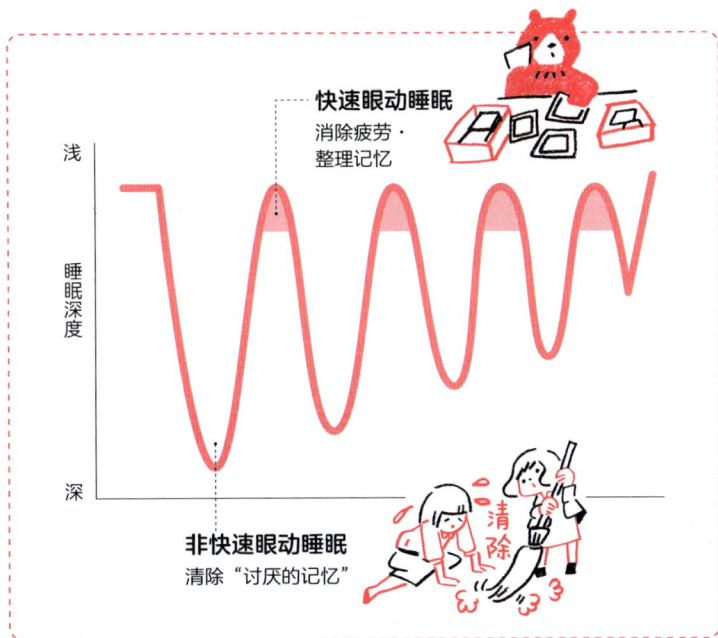

浅

睡眠深度

深

快速眼动睡眠
消除疲劳·
整理记忆

非快速眼动睡眠
清除"讨厌的记忆"

大脑会清除讨厌的记忆，整理归纳白天的经历。你还可以利用第 83 页的自我监测表（行为记录表）记录每天的睡眠时间。通过客观分析睡眠状况，你也许会有新的收获。

40 借助晨光的力量

　　持续性的失眠会让人烦躁不安，注意力不集中，萎靡不振，对白天的生活造成严重影响。失眠还是美貌的大敌。那么怎样做才能让我们在快要睡觉的时候自然而然萌生睡意呢？

　　解决这个问题的关键是阳光。清晨，阳光等强光通过视神经进入大脑，可以抑制被称为"睡眠荷尔蒙"的褪黑素的分泌。抑制住睡意之后，一种名叫"皮质醇"的荷尔蒙就会急速上升，让人焕发活力。当然，皮质醇水平迅速上升也具有"起床气"等副作用。

　　阳光抑制褪黑素的分泌以后，"幸福荷尔蒙"——血清素的分泌就会随之增加。我们每天要晒太阳 15~30 分钟。因为血清素无法在体内储存，所以每天早上一定要吸收充足的阳光。其实，"睡眠荷尔蒙"——褪黑素就是由血清素转化而成的。因此，白天生成大量血清素对夜间睡眠十分重要。

　　在你清晨晒过太阳的 15 个小时之后，"睡眠荷尔蒙"——褪黑素便会再次分泌。那么，你习惯每天几点钟睡觉呢？

　　如果是晚上十一点睡觉，那么就要在 15 个小时之前的早晨八点开始晒太阳。

　　如果睡眠时间不规律，那么请推算下几点晒太阳合适吧。除此以外，每天晒太阳还能够预防抑郁症。

41 火腿奶酪吐司好于果酱吐司

　　有助于安心定神的血清素无法在人体内储存，每天都必须重新生成。生成血清素需要一种名叫"色氨酸"的氨基酸作为原料，而人体无法自行合成色氨酸，因此必须通过饮食摄入。那么什么食材含有色氨酸呢？这些食材包括豆腐、纳豆、味噌等豆制品，酸奶、奶酪等乳制品，金枪鱼、鲣鱼等肉呈红色的鱼类，以及芝麻、花生、鸡蛋、香蕉、南瓜等。

　　此外，我发现现代人大多缺乏 B 族维生素。由于 B 族维生素会深度参与能量代谢，所以一旦摄入量不足，人体就会出现易疲劳等问题。B 族维生素还有助于生成脑神经传递物质，摄入不足会引发注意力不集中和情绪焦虑。如果想要摄入充足的 B 族维生素，我建议多吃猪肉、肝脏、牡蛎、金枪鱼、鸡蛋。

　　我家早餐做吐司的时候，从不做果酱吐司，都是火腿奶酪吐司，还会搭配香蕉味的酸奶。最近，我偶尔还会想方设法把花生酱搭配到饭菜当中。

　　如果是日式料理，就用纳豆饭搭配豆腐味噌汤和培根煎

蛋。晚餐我推荐猪肉生姜烧和加了牡蛎的煎饼。你也要像我
这样在饮食上下功夫，确保从食物中摄入足量的氨基酸和 B
族维生素。

42 零食不要只吃碳水化合物

你吃的零食是不是都是薯片、饼干、面包之类的碳水化合物呢？是不是也曾在两顿饭中间用零食填饱了肚子，结果到了吃晚餐的时候就胡乱吃点儿什么对付过去了呢？

我知道，很多人都习惯用垃圾食品或者快餐来凑合一顿，然而这种营养摄入不均衡的情况已经成为引发"新型营养失调"的罪魁祸首。

很多人只吃碳水化合物，导致腹部变大，而过度摄入糖分不仅有可能会造成（反应性）低血糖，甚至还会引发抑郁症。如果你出现走神、焦虑、易疲劳、没精神等情况，那么一定要反思一下自己的饮食是否均衡，是不是吃了太多的糕点、便利店的饭团、方便面之类的食物。而且，如果你有在厨房囤积食物的习惯，那么你便会不由自主地把手伸向零食。因此，你要从购物阶段就提醒自己，不要采购过多的零食。

当你感到腹中饥饿时，可以参考上一个方法，选择吃一些富含色氨酸的食物，比如香蕉、坚果、奶酪。

我自己会预备酸奶、杏仁饮料，还有一些用来搭配饮品

的坚果，那种咀嚼起来"咯吱咯吱"的声音让我感到十分惬意。当然，白煮蛋的营养成分也无可挑剔，堪称完美零食！

43 不要忽视矿物质

你有没有出现易感冒、易疲劳、注意力下降、指甲开裂、脱发等情况呢？如果你还伴有胸闷气短、心悸气躁等情况，这说明你要有意识地摄入一些现代饮食中容易缺乏的物质——矿物质了。

矿物质是维持脑部和身体功能的重要营养物质，它与维生素同属微量元素，但却常常遭到忽视。

锌、铁、镁等元素对于调整身体状态具有重要作用。众所周知，铁元素是预防贫血不可或缺的营养物质。镁和钾则能够将血压维持在正常水平。

羊栖菜、高野豆腐、猪肉、泡菜以及花蛤、牡蛎等贝类都是我家餐桌上的常客。西梅不仅可以通便，而且营养全面，富含食物纤维、维生素 A、B 族维生素、维生素 K 以及铁、钾等元素。

前文提到的坚果就富含矿物质，如杏仁、榛子、腰果、开心果、核桃等，寻找你自己情有独钟的坚果，也不失为一件乐事。

44 勤喝水

　　最近你有没有出现起立眩晕、头晕目眩、早晨起不来床等情况呢？出现这种症状的人大多是低血压。我也有低血压，要用很长时间才能站起身来。如果遇到这种情况，你可以蹲坐在被子里，头低下去，促进血液循环，这样更容易站起来。

　　患有直立调节障碍，早晨起床困难的人，由于植物神经紊乱，导致他们血压低，站不起身，也无法进行其他活动。为了提高血压，就必须增加血液量。

　　我建议每天尽可能喝足两升水，不要再说"我又不渴""不喝也没关系"之类的话。而且，单纯补充水分还不够，因为水分会变成尿液排出体外，为了把水分留在体内，还需要补充一定的盐分。盐分和水分一样都不能少。不要等到口渴了才喝水。一下子喝不了那么多的话，可以勤喝水。要自觉补充水分和盐分。

　　早晨一起床，先喝一杯水。我建议提前准备一杯白开水。早晨这杯水不仅有助于肠道蠕动，还能调节植物神经。

　　临睡之前，也一定要喝上一杯水，这样可以有效预防心

肌梗死、中风和中暑。从呵护健康的角度来说，难怪日本人将晚间这杯水称为"宝水"。

45 进行节律运动

　　休息日你都是怎样度过的呢？是不是慵懒地在家里闲待一天？现代人已经逐渐出现了运动不足的倾向。适当运动有助于促进身体循环。比方说，你可以在白天晒晒太阳，或者在傍晚气温舒适的时候散散步。

　　匀速步行不仅能促进血清素生成，也会让人神清气爽、心情平静。适当运动有助于增加血清素。健走、跑步、骑行等按照一定节奏重复持续的运动，能够提升血清素的活性。"呼吸法"和吃饭时的"咀嚼"也都属于这种节律运动。

　　话说，是不是有些人会在散步的时候思考问题，结果是平添疲劳？散步的时候不要沉迷于思考，而要怀着一颗好奇心向四处张望，仿佛你是第一次来到这条街道一样。

　　"这个地方添了一块招牌""这里长了一朵从没见过的花"，我建议你像这样一边散步，一边留心周围的新鲜事物。

　　在行走的过程中，你可以饶有趣味地观察窨井盖上的花纹，也可以在冷冽的空气中或耀眼的阳光里，调动周身的感官去感受四季的变迁。

46 在大自然里放空自己

　　当你获得了独处的机会，你一定要去附近的公园，坐在长椅上发一次呆。当然，你也可以注视形形色色的路人，或者在室外悠闲地吃一餐便饭。

　　如果是海滨公园，那么面对着一望无际的地平线和波光粼粼的海面，耳畔传来时起时伏的浪涛声，你只需要放空自己，任时间流逝。你还可以在树荫下小憩，探访附近的山峦瀑布，全身心地去感受清冷的空气。就这样，什么也不做。就这样，默然伫立。给自己留出这样的时间很有必要。

　　"最近感觉有些累啊！""让心灵和身体都放松一下。"

　　当你感觉自己的身心需要休息时，就不要闷在家里，到大自然中去吧，去那里找寻恬静悠然的时光。

47 远离让自己消沉的信息

　　你是否因为互联网和电视上连续多天报道令人痛心的灾祸和可悲可叹的社会风气而感到情绪低落？你是否因为在社交平台上看到别人发布的光鲜亮丽的内容而感到心情压抑？你是否疑神疑鬼，担心自己罹患重症并为此忧心忡忡？

　　如果你有类似的情况，那么你要尽可能少地接触这些纷扰的信息。对信息的了解要适可而止。过多掌握不必要的信息只会让自己徒增烦恼。

　　关闭电视，丢开手机，去聆听一曲音乐吧。你也可以安静地享受一段怡然自得的时光。你可以给房间里的植物浇浇水，亲近一下宠物，给自己的身体做一做按摩。心情是可以自我调节的，让我们与纷乱复杂的信息保持一定的距离吧。

48 享受独处的时光

　　假如休息日没有任何安排，你需要一个人度过这段时间，那么这段时间在你眼中意味着什么呢？你会不会自我否定地认为"难得休息，孤零零的，太没意思了""好空虚""无事可做，岂不是浪费时间"？

　　如果换作是我，那我简直激动得要跳起来了。"太棒了！一个人自由自在！真是想都不敢想啊！"然后，怀着兴奋的心情，掩盖不住嘴角的笑意，心想："做些什么好呢？什么都不做也确实有些浪费。"

　　当你与他人处于同一时间和空间的时候，一种"关联感"会让你感到很安心，但有时候一味委屈自己，迎合他人，也会让你忽视自身的感受。

　　你要问自己感觉到了什么、想做什么，而后一边调节情绪和思路，一边享受独处的时光，做自己时间的主人。

　　你可以随性地走进一家中意的咖啡馆，也可以去拜谒寺庙佛堂。你可以在家里炖上一锅热气腾腾的饭菜，也可以三下五除二地把家里的窗帘洗干净。

一个人的快乐

- 栽种绿植。

- 观看那部一直想看却一拖再拖的电影。

- 去那家中意已久的咖啡馆。

-

-

-

你可以一口气把全套漫画通读一遍，可以去看一场电影，还可以在庭院里亲近泥土，放松身心。

在属于自己的时间里，做自己想做的事情，这多么奢侈啊！如果你拥有了独处的时光，一定要尽情地享受它。

49 逐步尝试新的挑战

你是冒险派，还是追求稳健的谨慎派？

如果你想要保持大脑健康，提升大脑活力，那么我建议你要多去挑战新鲜事物。在挑战新鲜事物的时候，为了适应陌生的环境，克服重重困难，大脑会变得更加活跃。而且，通过挑战新鲜事物，学习新的知识，可以在大脑内建立更多的神经网络。

比方说，挑战从来没有弹奏过的乐器，绘画，做手工或学习一门新的语言等，很多活动都可以提升大脑的活力。即使过程并不顺利，或者结果并不理想，也都没有关系。越是困难的活动，对提升大脑活力越有帮助。

可能有些人虽然已经长大成人，但是对于那些自己不会做或者做不好的事情，依然会感到害羞、丢人。但其实不应该这样。恰恰是作为一个成年人，才应该去了解、体验新鲜事物。如果你从这些事物当中感受到了快乐、有趣，那么大脑会变得更加活跃。

有的人之所以遇到没做过的事情就想放弃，实际上是因

为他们想要待在"由做过的事情组成的世界""熟悉的世界"——也就是舒适区——的习惯使然。因此，当你因为某件事从未做过而犹豫不决的时候，请一定要鼓励自己勇敢去做。

50 增加生活中"称心的小物件"

"无精打采！""心想要把乱七八糟的东西收拾一下，但就是不想动。""学习、工作诸事不顺。"如果你遇到了类似的情况，不妨找一件称心的小物件，说不定它能够帮你打开"干劲开关"。当你把麻烦、讨厌的事情变成趣事时，自然会干劲十足。

比方说，打扫卫生会用到的小物件。我在车上放着一把我喜欢的影视角色联名款的除尘刷。汽车的仪表盘上不是经常会落灰吗？有了这把除尘刷，我就可以在等红灯的时候，把仪表盘上的灰尘一扫而空！如果你觉得饭后刷盘子刷碗很麻烦，那么你可以去找一块让你爱不释手的海绵擦。如果你不喜欢洗衣服，那么你可以去杂货店淘一些外观讨喜的衣架和夹子。

当想要提升工作积极性的时候，我就会用一支比较高档的圆珠笔。为了鼓足干劲，我还会特意准备鞋子和项链。如果你怎么学习都学不进去，那么你可以选用一些能够帮助你集中精力的本子和自动笔。闹钟、便签对提高学习效率也有

寻找称心的小物件

一定的帮助。

　　仅凭呐喊助威之类的蛮力并不能打开"干劲开关"。你可以试着准备一些称心的小物件，去享受使用这些小物件的乐趣，也许无形之中你就能打开"干劲开关"了。

51 零敲碎打地整理家务

　　你家里现在是怎样一种状态呢？请你环顾四周。是不是攒了一大堆的废纸箱子？厨房的洗涤槽里是不是摆满了锅碗瓢盆？是不是还有堆积如山的脏衣服？

　　房间的杂乱不堪折射出来的是内心的烦乱。反之，家里井井有条的人，往往也具有条理清晰的思维。如果你莫名地烦躁不安，那么你可以试着先去收拾一下房间，这样既可以转换心情，又可以消解郁结。

　　此外，有时候"必须收拾干净"的念头还会带来更多的压力。没必要一下子就把家里收拾得一尘不染。你可以先从房间的一部分入手，收拾一下餐桌、抽屉、衣柜之类的地方。

　　整理家务的诀窍就是"物归原位"。任何一件物品都应有一个雷打不动的摆放位置，这样可以让生活变得更加便利。当你把散乱的物品聚集在一处之后，相当于增加了空置的面积。

　　你甚至可以采取极端一点的做法——把杂七杂八的东西全都归拢在一起，然后统一它们的朝向，这样就算大功告成

了。而对于那些闲置很久的物品，你要痛下决心把它们丢掉。

当你逐渐养成了随手整理家务的习惯，你的家里和心里都会变得清清爽爽。

52 可以心疼电费、燃气费，但更要心疼你的身体

　　越来越多的人在寒来暑往、气温骤降的时候，身体状况急转直下，心情也倍感失落。时常有人向我诉苦："一大早就疲惫不堪，起不来床。""大白天的也什么都不想干。"

　　大幅度的气温变化会导致植物神经功能紊乱，进而造成身体疲劳，这种症状被称为"温差疲劳"。对存在这种困扰的人的生活状况进行详细询问之后，我发现"就算大清早天气很冷，也还是硬扛着穿一身薄睡衣""洗澡的时候只冲凉不泡澡"是普遍现象。有些人夏天猛吹空调，吹得身体冰凉，感觉室内外温差极大。有些人哪怕是已经进入秋天，气温下降，也依然延续着夏天的生活方式。更有甚者，已经到了秋去冬来、天寒地冻的时节，他们宁肯在家里裹着防寒服，也舍不得交电费和燃气费。

　　在气温急剧下降的时候，我们人体为了维持恒定的体温，植物神经系统的交感神经会发挥主导作用，通过让人身体发抖、收缩血管和肌肉等方式提高体温。如果气温的高低变化过于剧烈，植物神经频繁工作，人就会感到疲劳。建议大家

夏天的时候提高空调的温度，深秋时节尽早做好过冬的准备，提前备好厚实的被子和衣物。暖气也要提前定好时间，在起床之前先让房间暖和起来。

　　如果因为心疼电费、燃气费而破坏了身心健康的状态，那么对自己而言就是得不偿失。在保持身心健康方面，切勿因小失大。

53 留神气温和气压的变化

在气温剧烈变化的时候，"早晨不想起床""情绪低落"等症状会频繁出现，其中要格外注意"冬季抑郁症"。

所谓冬季抑郁症，指的是受季节变化影响的季节性抑郁症。这种抑郁症的常见症状有嗜睡、暴饮暴食等，多见于日照时间逐渐缩短的秋冬季。

人们普遍认为冬季抑郁症的致病因素是日照量不足。这也是日照时间短的北欧多发抑郁症的原因。对于每年在秋季结束时出现精神不振、思想消极、容易犯困等问题的人而言，光疗不失为一种有效措施。光疗是一种利用特殊灯具，用近似日光的光线照射人眼，从而调节人体机能的治疗方法。人可以将灯具置于床头，每天早晨照射 30 分钟左右。

此外，梅雨或台风来临的时候，有些人会因为低气压而头痛。气压下降会导致血管膨胀，而植物神经如果正常发挥作用，交感神经会控制血管收缩。可是一旦植物神经紊乱，交感神经与副交感神经无法顺利实现切换，就会出现头痛、肩关节僵硬、恶心、焦虑等症状。

　　如果你存在这些困扰，那么你可以做一下耳部按摩。内耳就像一个感知气压的传感器，与低气压所造成的身体失调密切相关。在耳朵的三角窝内侧，有一个"神门穴"。轻度刺激这个穴位，可以促进耳部的血液循环，进而作用于植物神经中枢——下丘脑，从而改善植物神经的功能。

54 放空大脑，泡一个热水澡

如果你因为白天琐事缠身而感到头昏脑涨，那么不妨放空大脑，在浴缸里泡一个热水澡。泡澡的时候让全身松弛下来，长长地吐出一口浊气，想象各种烦心事都已经随着这口气排出了体外。

如果你平时习惯洗淋浴，那么我也建议你不要嫌麻烦，去尝试一下泡澡。泡澡可以促进血液循环，加速新陈代谢，温暖的环境还能帮助肌肉放松。泡澡不仅有利于身体恢复活力，还能让副交感神经占据主导地位，让心灵归于平静。

淋巴按摩是我泡澡时的必备科目。"这一天辛苦了""肩膀又僵了呢""真是太拼了""谢谢你，我的身体"，当我怀着这样的心情给自己做按摩的时候，也是对我自己的一种安慰。

睡前约两小时泡澡，效果最佳。

泡澡可以短暂提高体温，泡完澡在房间里休息的时候，体温会渐渐下降。而人会在体温下降的时候萌生睡意，因此更容易获得高质量的睡眠。

55 睡前的光照要柔和

如果你有彻夜难眠的困扰，那么你可以在临睡之前，把房间里的灯光调节得柔和一些。光照微弱的橙色灯比荧光灯更容易让人产生睡意。橙色光更接近于 50~150 勒克斯，这种光照有利于人体分泌"睡眠荷尔蒙"——褪黑素，有助于副交感神经发挥主导作用，促进睡意的产生。

现代生活中，我们大多数时候都暴露在荧光灯下。过于明亮的光照会刺激神经，让大脑时刻处于清醒状态，而这大概率是造成失眠的一个重要原因。

橙色光照更像柔和的自然光，可以让人更加放松。你一定要在枕边放置一座台灯，在临睡前的一段时间打开它。而后，播放一段恬静的音乐，平躺在床上，舒缓地做 10 分钟拉伸运动。你也可以比平时早一些上床，沐浴着橙色的光照，安静地读一读书。

56 聆听身体的呼声

"翻来覆去睡不着""一睁眼就觉得心里堵得慌""心里乱糟糟的，静不下来"，如果你有这些感觉，那么你就要做一次身体扫描了。

首先，在床上仰卧躺好。腿部慢慢放松，双臂微微张开，不要紧贴身体，手心向上，全身放松，保持心情愉悦。其次，把注意力集中到身体的某一部位，就像用聚光灯照射一样，逐一感知身体的各个部位。即使什么都没有感觉到也没关系。先把注意力集中在左脚脚尖，你也许能够感受到肌肉的状态，自己的体温，脉搏的跳动，脚趾与空气、衣服摩擦时的触感。

再次，将注意力从左脚脚尖移开，依次感知左膝、股关节、整条左腿，右脚脚趾、右膝、股关节、整条右腿，之后是骨盆、后背、脊椎、肩胛骨、腹部、心脏、肩膀、整个躯干、胳膊、肘部，两只手的指尖、腕部、喉咙、面部、头部。如果你在感知的过程中察觉到自己走神了，那么要重新把注意力集中到身体上。

在此期间，你会浮想联翩，各种情绪也会涌上心头，但

因为人的心灵原本就是飘忽不定的，所以你也无须为此自责。

最后，深吸一口气，感受气息在全身上下的流动。借助这些依靠呼吸而生存的肌肉、内脏、血液，关注自己体内涌动的生命力。

如果你感到睡意蒙眬，那么也可以顺势入睡。

解说 "改变生活习惯"会提高自我肯定感

　　对照前文介绍的方法，看下你的生活状态是什么样子的呢？如果你能将对你有所启发的方法转变为生活习惯并坚持下去，那么我将感到非常欣慰。在这一章，我介绍的内容主要聚焦睡眠、饮食、运动等生活范畴，而这样做无疑是对"生活病理 – 生活临床"的考量。

　　"生活病理 – 生活临床"这一概念在 20 世纪 90 年代由白石大介名誉教授提出，取代了家族病理学。20 世纪 70 年代，家族病理学曾把①脱离（离家出走、失踪）、②解体（离婚、分居）、③反常（同居但不具备家庭功能）视为"病理"，但现如今这些已然是不足为奇的普遍现象。时移世易，家庭固有的形态发生了变化。

　　在现代社会，随着智能手机和 IT 设备的普及，我们的生活也变得更加方便。但是，从另一个角度而言，生活也更加纷乱复杂，造成身心健康问题的因素也越来越多。

　　玩游戏玩到三更半夜，结果早晨睡不醒；沉迷社交媒体等各色网络平台，最后导致情绪低落。想必每个人平时都遇到过这些问题。

我想重申一下，单纯关注心理健康是不够的，睡眠、饮食、运动等"生活临床"方面的问题也同样不可忽视。

比方说，睡眠不仅是让身体休息，也是营造充实生活，有助于情绪安定的不可或缺的要素。事实上，"夜猫子"型的人睡醒之后在情绪不佳、失眠以及不吃早饭等方面的问题更为严重。

睡眠时长约为 8 个小时，而十点入睡的睡眠质量和早晨睡醒后的精神状态都优于半夜十二点入睡的。优质的睡眠能够让人提高自我肯定感，保持有序的生活节奏，激发行动的积极性。

在学校实施的生活临床研究同样表明，睡眠质量高的孩子具有更高的自我肯定感，也有更强烈的学习意愿和更端正的学习态度。研究还发现，孩子在接受睡眠指导之后，不但提高了自我肯定感和学习意愿，身心状态也得到了改善，压力程度、抑郁程度都有所下降。

反之，如果睡眠质量不佳，就会给心理和身体带来诸多负面影响，比如易疲劳、焦虑、空虚、乏力、暴躁、易怒、腹痛、头痛等。

此外，饮食也是维系身心健康的重要支柱。饮食的作用不仅仅是强筋健骨。心理会在大脑、神经传递物质、荷尔蒙的作用下形成暴躁、抑郁、不安、心慌、慵懒等状态。不吃早饭，或者饿了就吃方便面、点心之类的东西，都会让人体缺乏矿物质和维生素，并且摄入过量的糖分。心理、身体、生活三位一体，相辅相成。

　　显而易见，睡眠、饮食、运动等各个要素相互联动，共同维系着我们的身心健康。三者缺一不可。你不妨环视下自己生活的全貌，确保身心健康发展吧。

第5章

巧妙化解压力

如何摆脱扰人心境的小问题

　　没有一个人不曾感受过压力。只要活在这个世上，就必然会承受某些压力。但如果压力积攒太多，就会给身心造成巨大的负担。如此一来，情绪便会挣脱理性的驾驭，或是黯然神伤，或是麻木不堪，总之让人陷入痛苦而难以自拔。

　　本章我们就来学习如何巧妙地化解、摆脱压力。

57 尝试把过往的人生经历做成表格

　　你过往的人生都有哪些阶段呢？人生充满了不计其数的危机和歧路。下面，请你回顾自己的人生，将所有的好事、坏事用一种一目了然的形式呈现出来吧。

　　图表的纵轴表示当时的心情，横轴表示时间。上学前有怎样的记忆？从上学到青春期又有哪些经历？少年、青年、壮年、老年，在人生历程的每一个阶段，你都会遇到各种各样的事情。生病、受伤，结婚、离婚、再婚，生孩子、搬家，旷课、霸凌，恋爱、失恋，工作、调动、停职，经济风波，事业有成，等等。

　　每一个阶段你都是怎样的心情？如果是积极的情绪，就在纵轴较高的位置标记一个点号；如果是消极的情绪，就将点号标在纵轴较低的位置。然后，将各个点号串联为一张图表。

　　完成以后，请你静静地端详片刻。当你情绪低落的时候，究竟发生了哪些事？而你心情畅快又是因为哪些事？把目光投向让你情绪高昂的事情，比如朋友的问候，让你面貌一新

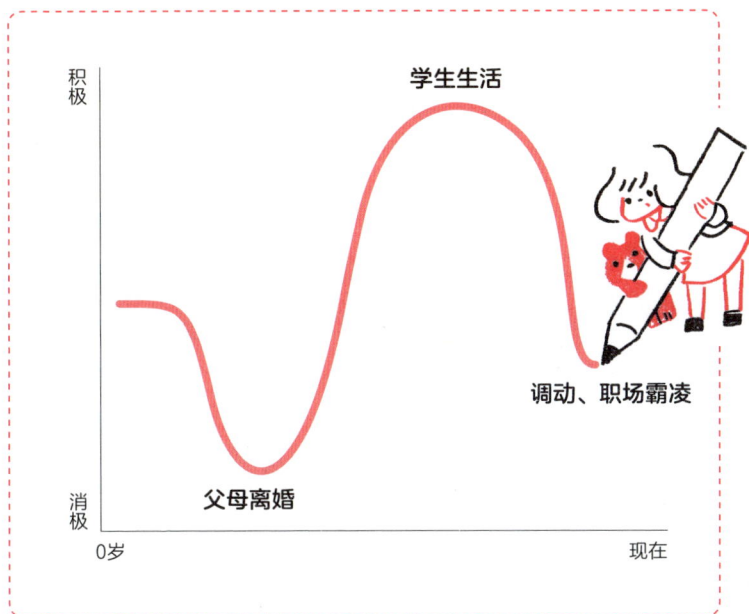

的挑战，一次很棒的邂逅，等等。

　　审视这张填写完毕的图表，把它当作一份提醒自己"遇到这种事容易抑郁""这样做能改善情绪"的资料吧。

58 压力是"人生的调料"

"一有压力就应付不来。""想让自己的抗压能力变强。"当你听到"压力"这个词语的时候，你会想到什么呢？可能很多人想到的都是一些令人烦心的事物，比如单位的领导、和家人的沟通、找碴的同学、考试、工作等。不过，倘若生活没有压力，也许反而会变得了无生趣。失去刺激和困难可能意味着平静和快乐，但是同时也失去了成长进步的机会，只能碌碌无为地度过一生。

压力包括有助于实现目标、愿望或有助于成长的"良性压力"，和有损健康的"恶性压力"。适度的刺激是动力的源泉，被誉为"人生的调料"。

咖喱之所以美味，离不开调料的作用。人生也是一样。

当你面前出现了拦路虎，你不妨这样想："一份'能帮助我成长的道具'从天而降，太棒了，又能更进一步了。"这样想，烦心事或许也会变得妙趣横生。

当你把困难、麻烦（压力）看作帮助自己成长的"人生的调料"时，那么艰难困苦也会变成"收获"的机会。

59 适应适度的紧张感

"想要尽可能地不紧张"——可能很多人都像这样把紧张当作"敌人"。

其实，在考试、演奏会、体育比赛等"人生能有几回搏"的场合，最好保持适度的紧张感。

请看右图。这张图的纵轴表示的是表现的水平和效率，横轴表示的是压力的大小。如横轴的左侧所示，压力较小的时候人过于松懈，精神涣散，肌肉不紧张，大脑运转也很迟缓，表现无法达到预想的水平。只有压力大小适中，处在正中间附近的时候，人才能取得最佳表现。整个过程呈现出一条明显的曲线。

如果压力过大，人过于紧张，也会影响实力的发挥。

不过，在关键时刻，人只有拥有适度的紧张感才能发挥出最大的力量，因此一定要树立"最佳状态就是略带一点紧张感"的观念。

当你感觉自己因为紧张而身体紧绷时，你就可以告诉自

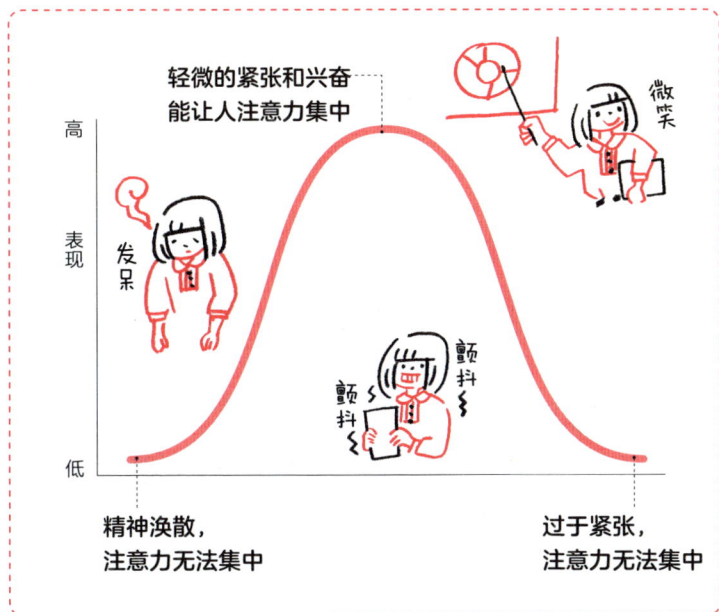

己："啊，就是这种感觉！紧张感终于来了！"接纳这份紧张感，然后比一个胜利的手势。

60 迅速发力，缓慢放松

　　很多人一来到考场、演讲大厅、大型活动举办地等人头攒动的地方就会感到紧张。紧张的时候常常四肢僵硬，脑袋里一片空白。有些时候手脚发软、声音颤抖，甚至还会出现腹痛、呼吸困难等身体上实实在在的反应。

　　为了应对这些情况，我向大家介绍一种肌肉放松方法——渐进式肌肉放松法（Progressive Muscle Relaxation）。这种方法并不会立马见效，而是需要平时的练习，以便在紧要关头发挥作用。所谓肌肉放松，也并非突然放松下来，而是发力时要迅猛，放松时要缓慢。

　　你也一起试试看吧。

　　①双手攥拳，抬起小臂，猛然发力。然后放松，手臂下垂，置于膝头。如果你发力的时长是 10 秒钟，那么就要用两倍的发力时长，也就是用 20 秒钟让手臂放松下来。

　　②再次攥拳，抬起小臂，猛然发力，之后手臂下垂置于膝头。

　　③接下来，攥拳曲臂，同时向后下腰。发力 10 秒钟后

放松。

　　④发力扩展到肩膀、脖子、面部、腹部、腿等部位，重复"发力，放松"的过程。

　　这样反复紧绷和放松肌肉，有助于我们的身体进入放松状态。

61 找到能让自己转换心情的"护身符"

如果你因为工作和人际关系而感到疲劳、烦闷，又害怕在心情郁闷、烦躁不安时一时间想不到安抚自己的方法，那么我建议你提前拟定一份"能让内心平静下来的护身符清单"。

你会在怎样的场合松一口气？又会在怎样的场合精力集中？又有什么事情能激发你的干劲呢？

请列举一些你喜欢做的、能沉浸其中的、能让你放松下来的事情。你可以在插图中所列举的事情里找一找。

你能列举出多少？趁你心思平静，预先在本子上写好这些事情吧，以便在心情烦躁的时候随时能够派上用场。

寻找护身符

- 放松地长出一口气。

- 按摩身体。

- 做一做拉伸运动，散一散步。

- 仰望天空。

- 听音乐。

- 欣赏喜欢的艺术家或运动员的写真。

- 专心致志地把心里想的事情写下来。

- 抚摸宠物或毛绒玩具。

- 泡一壶爱喝的茶。

- 点香薰。

- 点蜡烛。

- 给朋友打电话。

- 出门兜风。

- 刺绣。

- 看电影。

62 用"儿童式"放松身心

　　当你静不下心来或者感到疲惫的时候，像小孩子那样把身体蜷成一团，这可以让你自己获得安心的感觉。这个姿势在瑜伽中被称为"儿童式"，它有助于维持植物神经稳定，让心灵和身体平静下来。

　　一起来试试看吧。首先采用跪坐姿势，手撑在面前的地板上，缓缓吸气的同时拉伸背部。之后，一边缓缓呼气，一边将手向前伸，让上半身紧贴在地板上。保持这个姿势，做3~5次深呼吸。在平缓地深呼吸的过程中感受呼吸的节奏，这样能够舒缓身心的紧张感。

　　这个姿势可以拉伸整个背部，让人在感受呼吸的同时还可以安抚心神。深呼吸还有助于血液流通和全身循环，从而让整个人放松下来。

63 创造"6秒钟箴言"

你是不是也曾被对方的言行所激怒,而后条件反射似的开口回击,结果导致关系破裂?如果你有过这样的经历,那么可以进行"无反应"练习。据说人的愤怒情绪会在6秒钟达到顶峰,之后便会慢慢消退。因此,火冒三丈并不可怕,关键是要坚持6秒钟不发作,那么一切都将平安无事。要提醒自己不要急于对他人的言行做出回应,而要留出一段间隔。

可是,这6秒钟远比我们想象的长得多。

所以,为了顺利度过这6秒钟,我们要为自己创造一句专属的箴言。

在你满腔怒火的时候,有没有一句话能让你立刻冷静下来?

比方说,"没关系,没关系,没关系""算了,就这样吧,顺其自然吧。算了,就这样吧,顺其自然吧"。它既可以是平复自己心情的一句话,也可以是类似于"明天吃烤肉、吃烤肉、吃烤肉"这种让自己高兴起来的一句话。

这句话还可以是你给自己设定的目标,比如"一家人就

要笑脸相待，一家人就要笑脸相待"。

　　创造一句独属于你自己的温暖的箴言吧。

　　创造出来以后，请你把它写在记事本之类的地方。每当你因为某些事情而心烦意乱时，你都可以在心中默默地诵读它。

64 疲惫的时候要为自己振臂高呼

伤心、消沉的时候，你是什么姿势？是垂头丧气地苦着脸吗？恰恰在这种时候，你要张开大嘴，嘴角上扬，高举双手，为自己振臂高呼。嘴角上扬、振臂高呼的姿势会让大脑误以为现在"很快乐"。

人在遇到好事的时候会自然而然地笑容满面，其实，只要是笑容，都能让人感到快乐，即便那是强颜欢笑。请你翘起嘴角，使眼角向下，发出"哈哈哈"的声音吧。

笑能够增强人体免疫力。如果你能提高一种名叫"自然杀伤细胞"的免疫细胞的活性，那么甚至可以起到预防癌症等病症的作用。来吧，叫上一个亲近的人，与他／她一同在镜子前面放声大笑，振臂高呼吧。

65 一次纤细悠长的吐气助你重归平静

当你感到紧张或不安时，身体为了保护自己，便会让肌肉紧绷，呼吸也会更加急促。这时，你要有意识地运用呼吸法来放松自己。缓慢的深呼吸能够让植物神经系统的副交感神经占据主导地位，从而让你平静下来。

准备好了吗？一起来试一下吧。

"嘶——"，就像蜘蛛吐丝那样，把体内的气体如游丝一般吐出来。速度要比正常呼气慢。仿佛不是吐气，而像是把气体从身体里挤出来似的。"嘶——"，想象你把所有的负面情绪、焦躁不安都吐了个一干二净。

吐气结束之后，你会发现自己又可以像往常一样自然呼吸了。当你感到紧张、不安，或者想要平息怒气时，请一定要试一试这个方法。

66 运用"8-4-4呼吸法"稳定呼吸

　　运用呼吸法把体内的气体呼出之后，可以继续重复呼气、吸气的过程，关键在于呼气时间要维持在吸气时间的两倍左右。

　　"嘶——"，舒缓地从口中吐气，然后用鼻子轻轻吸气。大约4秒钟之后慢慢停止吸气，随后再次"嘶——"的一声把气吐出来。

　　呼8秒，吸4秒，停顿4秒，这就是"8-4-4呼吸法"。如果你觉得这个呼吸节奏过于缓慢，也可以改用4秒、2秒、2秒的方法。适应以后，再逐步拉长间隔时间。而且，我建议尽可能先从呼气开始。如果呼气时感到不适，你就会非常想吸气，结果呼吸越来越急促，陷入恶性循环，因此，一定要找准适合你自己的呼吸节奏。

　　之所以建议先呼气，有以下原因。呼气可以刺激副交感神经，让人放松下来。另外，舒缓的深呼吸有助于大脑分泌血清素，保持情绪稳定。平时多加练习，反复刺激副交感神经，增加淋巴细胞的数量，还可以增强免疫力。

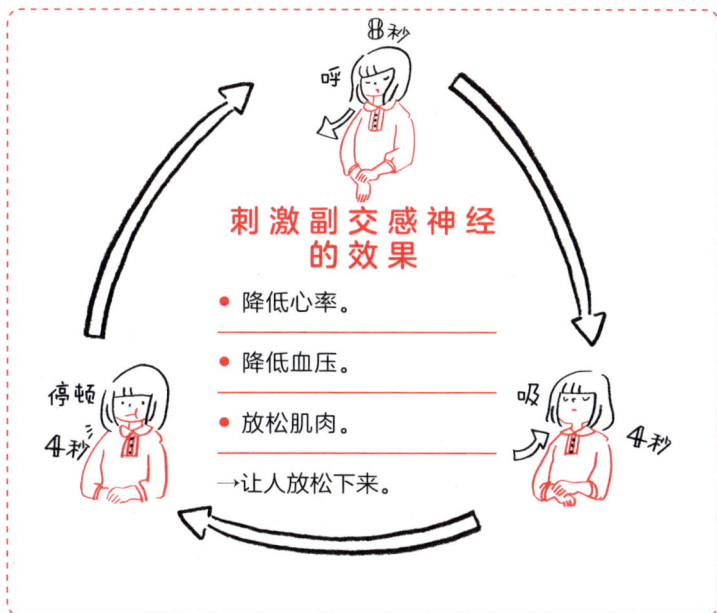

你可以一边呼吸，一边把手放在腹部，感受腹部的起伏。适当停顿一下，留出一个间隔，以免"呼、吸、呼、吸"的速度越来越快。每次练习几分钟，经过多次反复练习，效果自然会显现出来。

67 让"正念疗法"融入生活的方方面面

　　你是否也曾陷入悲伤、不安而久久不能释怀? 或者胡思乱想,不知不觉钻了牛角尖?

　　我们的心灵时而追忆过去,时而憧憬未来,四处游荡,很难长久地停留在现实中。 当你发现自己容易沉浸于过往或者容易为虚无缥缈的事情而烦忧时,你就要格外小心了。

　　所谓"正念疗法",就是"将注意力集中在当下这一瞬间"的方法。 你可以一边有意识地呼吸,一边体味身体处于何种状态、现在又有哪些感受。

　　正念疗法不单单是参禅、打坐、冥想,它适用于日常生活中的各种场合。 比如,刷盘子。 感受水、洗涤剂、海绵擦的触感,把注意力集中在清洗一个又一个盘子这件事上。 如果你在清洗的时候发现自己走神了,那就重新集中注意力,去感受洗盘子的过程。

　　其实,意识开小差是常有的事,没必要为此自责。 人的心灵天然飘忽不定。 因此,当你奇怪地发现"心思怎么跑到那里去了"的时候,你只需要从容地把意识重新集中到呼吸

上即可。

　　心头浮现的千奇百怪的念头，就宛如天上的流云、随波逐流的落叶，任由它们远去就好。建议你每天尝试集中注意力 5~10 分钟。

68 用冥想驱散压力

当你的大脑里充斥着各种烦恼时，不妨和我一起试一试冥想吧。

即使是首次接触冥想也没有关系。请你找一个舒服的姿势，四平八稳地坐好，肩膀放松，挺直后背。首先，把注意力集中在自己的呼吸上。无意识地保持呼吸，不要刻意去想"我要呼吸了"。感受鼻子呼气、吸气的状态。此刻，肩膀又处于什么状态呢？你可能会发现，伴随着每次呼吸，肩膀都会上下起伏。接着，感受一下胸部和腹部的律动。很显然，它们在你吸气时膨胀，呼气时收缩。

在这个过程中，你可以任由自己神游天外，而你也无须多虑，这便是上一节所介绍的心灵的天性。

心灵的大门开开合合，"心思"从窗户钻了进来，既不要抓，也不要关注，任凭它自己顺着另一侧的窗户飞走，然后继续把注意力集中在呼吸上。

感受少顷呼吸之后，在你觉得差不多的时候缓缓睁开眼睛。是不是感觉比冥想之前平静一些了呢？

69 由衷祝愿讨厌的人能够获得幸福

不少人在面对自己讨厌的人或者心术不正之人的时候，都会暗暗期望对方"怎么还不倒霉"。可是，当你盼望别人遭遇不幸的时候，你自己真正感受到幸福了吗？在这里，我推荐你试一下被称为"慈悲冥想"的冥想方法。

这种冥想的做法就是"祝愿世间所有生命都能获得幸福"。可能你对此会有抵触情绪，觉得："我自己遍体鳞伤，为什么还要为他人祈福？"如果你有这种想法，那么你完全可以放声说出来。

一边保持自然呼吸，一边大声说"愿我和我爱的人都能获得幸福"。接下来，继续说"愿我讨厌的人得到幸福""愿讨厌我的人得到幸福"。

经过不断地重复，你会惊讶地发现自己的内心已经归于平静。

70 利用"山之冥想"塑造坚定的自己

如果你时时刻刻都有一种莫名的不安感，很在意他人的眼光；如果你想要改变惶惶不可终日的状态，让自己拥有定力；如果你想要拥有坚不可摧、坚定不移的自信心，那么我建议你把自己想象成一座山。

首先，你的脑海里要浮现出一座你喜欢的山。它可以是你实际征服过的山，也可以是你想象出来的山。然后，跟随下面我讲的内容，尽情发挥你的想象。

从现在开始，你就是这座山。你岿然不动地坐着，从山麓到顶峰，你感受着自己的每一块山石。顶峰之上，便是一望无际的晴空。

你是一座数万年来坐落于此的巍巍雄峰，从未移动半步。周围的景色早已是沧海桑田。

四季更迭。冬季你被冰雪覆盖，时有寒风呼啸而过。春天的脚步渐渐走近，大地染上一片新绿，其间还点缀着朵朵小花。

当阳光日渐灼热，大地已是繁花似锦、绿意盎然，你任凭台风、暴雨肆虐。

金秋送爽，层林尽染，植物的果实落在地上，动物们则会把果实捡走。接下来，冬季又要到来了。

就像这样，你的外貌变化万千，时而隽秀，时而凛冽，而唯一不变的是你永远屹立不倒，气势磅礴。

有时，你会被低垂的云雾笼罩，此时爬山的人们无法登高望远，遗憾而归。即便登山者因为没有看到期待的万里晴空而大失所望，你也仍旧傲然矗立，对他们的评价不屑一顾。

即使云层再厚，即使云层将山遮蔽得密不透风，山也依然不为所动。

山在春季欣喜，在冬季落寞，诸如此类，都不过是无端的猜测。

它只是寸步不移地立在这里，静静地守望着一切。

我们的人生亦是如此，一个瞬间接着另一个瞬间，有时我们能够从工作、生活、人际交往中体会到喜悦之情，有时则会经受风吹雨打。

也许我们会得到他人的认可，也许会遭遇意想不到的批评。只要活在这个世上，就必然要经历各种各样的变化，我们无处可逃。

但是，山安之若素。

无论发生什么变化，我们都要坚信自己身体里那强大的定力。它不亚于一座巍峨雄伟的高峰。

在我们感到心累，有一种说不出的痛苦的时候，要提醒自己：我是一座山，我要向伟大的自己致敬。

解 说　从疏解压力到善用压力

如果要解释"压力"和"放松"，那么植物神经系统是一个绕不开的话题。

我们之所以紧张、不安、心慌、呼吸困难、头痛、腹痛，都是植物神经系统的交感神经兴奋的结果。交感神经兴奋会引起肌肉力量增强，让身体做好应对不安和紧张的准备。

当我们放松的时候，我们容易犯困，浑身无力。这是植物神经系统的副交感神经兴奋所致。当交感神经占主导地位，也就是我们紧张的时候，即使一遍遍默念"冷静、冷静"，也根本无法静下心来。

因此，想要缓解不安和紧张的情绪，就要让副交感神经取代交感神经占据主导地位。

那么，这时你一定在想，怎样才能让副交感神经兴奋起来呢？这就要利用副交感神经发挥主导作用时身体的各种反应了，也就是有意识地放松肌肉、深呼吸，让副交感神经占据主导地位。

这样就变成了放松肌肉→副交感神经占据主导地位→心慌得到控制，这一过程被称为"拮抗反应"。你可以在日常生活中练习呼吸法和渐进式肌肉放松法，以备不时之需。

此外，除了紧张的情绪，焦虑的情绪也总是与我们如影随形。你有没有这样的经历？自己明明没有遇到任何事情，却感到一阵突如其来而又莫名其妙的焦虑。尤其是会没来由地想起往事，心中涌现"当初要是……就好了"的悔恨，或者臆想尚未发生的事情，并且为此忧心忡忡。

即使我们无所事事，大脑也依然在不停地运转。这时，大脑好比进入了怠速状态。形成这种状态的是一个名叫"默认模式网络（DMN）"的神经网络。总之，胡思乱想是一种普遍现象。而且，据研究发现，这种心不在焉的状态其实是大脑疲劳所致。

患有抑郁症、焦虑症的人，则是因为这种大脑的怠速状态过度活跃。

你应该在想：那么怎样做才能停止大脑这种怠速状态呢？实际上，怠速状态无法停止，只能对它进行控制，而控制的方法就是正念疗法。这是一种聚焦当下的实践方法。当然，并不是只有"把注意力集中在呼吸上"这一种方法。你也可以把注意力集中在打扫卫生上面。擦一下，再擦一下，慢一点，再慢一点，一边清理餐桌上的污渍和架子上的灰尘，一边从容不迫地体味抹布在手中的感觉。这同样是一次成功的正念疗法。

据研究显示，坚持实践正念疗法，能够降低大脑怠速状态的活跃程度，让大脑得到休息。如果你脑海中的烦恼、焦虑总是挥之不去，那么不妨在日常生活中试一试正念疗法吧。

第6章

改变思维误区

如何形成
愈挫愈勇的内心

你是否曾被焦虑、失落、暴躁等情绪所左右?
不少人对这些让人心烦意乱的情绪都束手无策。
不过,情绪其实都是你自己创造出来的。
是你的"思维误区"创造了纷纷扰扰的情绪。
那么,你究竟拥有怎样的思维误区呢? 让我们一探究竟吧。

71 了解思维产生的机制

你有没有遇到过忽然想起一件事，然后这件事始终萦绕在心头的情况呢？

比方说，你打定主意"不再咳嗽"，结果往往是你马上产生了想咳嗽的冲动，要不就是"咳嗽吧，咳嗽吧"的想法在脑海中挥之不去。又比方说，你心想"别再惦记锁门的事了"，顿时"到底锁没锁门"的念头就冒了出来。

你越是想要压制某种想法，这种想法反而会更加清晰。

这种现象被称为"讽刺进程理论"（Ironic Process Theory）。

例如，我对你说"从现在开始，绝对不要想北极熊"，那么话音刚落，你的脑海中一定会出现北极熊的形象。即便你可能之前从来都没有想过北极熊。

假如你心里想的是"千万小心，肚子不要叫"，那么只要这个念头一出现，你就会觉得肚子有些不适。这种思维机制与北极熊的例子如出一辙。当我们告诉自己"不要去想"某事的时候，大脑就会进入一种"必须去想"这件事的状态。

所以，我们要反向利用这个特点，对自己说"咳嗽不咳

嗽都没关系""锁门的事该惦记就惦记，该忘就忘""肚子叫也不要紧"，把自己从纠缠不清的思绪中解放出来。这样一来，由于担心、牵挂而产生的焦虑情绪，也会有所好转。

72 测量心灵的温度

　　你最近有什么烦心事吗？遇到烦恼的时候，你的情绪是怎样的呢？忧郁、空虚、悲伤、懊恼、焦虑，可能这些也只是其中的一部分吧。那么你感觉你的这种情绪有多强烈呢？

　　我们来填写一支"心灵温度计"吧。看一看你情绪波动的时候，心灵究竟有多少度。

　　比方说，愤怒时，心灵的温度是"90℃"。

　　悲伤、消沉时，心灵的温度是"50℃"。标记方法因人而异，你也可以把它标记为"-50℃"。

　　这支心灵温度计只属于你自己，你可以根据自己的意愿和感觉任意赋值。

　　就这样，我们通过填写心灵的温度实现了对个人情绪的剖析。当你重新审视这些数值时，也许就能意识到"原来愤怒有90℃啊，看来我真的生气了"。

　　这是一次客观分析自己情绪的机会，请你一定要善加利用。

为情绪赋值

73 把一闪而过的想法写下来

　　你一般都会思考哪些事情呢？有时并没有刻意思考，脑海中却浮现出一些想法。这种思维方式被称为"自动思维"，也就是一种自动进行的、随机的思维活动。

　　"别人这么看我可怎么办？""要是……可如何是好？"这些消极情绪都来自你的思维方式。每当遇到这种情况，你都要把那些在你脑海中不停盘旋的想法写下来。

　　以下是常见的"思维误区"：

　　○二分法思维——非黑即白，非对即错；

　　○过度泛化思维——一次失败意味着次次失败；

　　○选择性提取——只关注消极面，看不到积极面；

　　○读心术——对方肯定是这么想的；

　　○个体化——事情不顺利都赖我；

　　○必须型思维·应该思维——必须、应该；

　　○灾难化思维——这辈子就这样吧，活着没什么意思了；

　　○自我评价过低——做得好是理所当然，只是凑巧罢了。

　　只要客观反思一下，你就会发现这些其实都是你自己的

"臆想"。这里列举的思维误区并不是什么疑难杂症，而具有一定的普遍性，很多人都会无意识地身陷其中。来，对照一下，看看自己有几项"思维误区"吧。

74 核实折磨你的"臆想"

"一提起他我就气不打一处来。""就是那档子事让我备受打击。"

我们常常会把自己出现情绪波动的原因归咎于他人和外界事物。这种做法会造成我们的人际关系不和谐，在生活中处处碰壁。但实际上"情绪并不是他人和外界事物的产物"。那么，究竟是什么让我们心烦意乱呢？

前文谈到，情绪源于思维方式。也就是说，不是别人让你心乱如麻，也不是某一件事让你情绪低落。你所有的情绪都来自"你的思维方式、思维误区"。

"他怎么这么冷漠？是看不起我吗？"一旦你这样想，那么你就有可能感到恼火或失落。

如果进而产生"反正我这人就是讨人嫌"的想法，那么孤独感、绝望感就有可能涌上你的心头。

假如你产生了焦虑、悲伤的情绪，那么你首先要做的就是把脑海中一闪而过的缘由写下来。

然后，平心静气地审视你所写的内容，自己问自己："真是这样的吗？"或许接下来你烦躁的情绪就没有那么糟糕了。

75 问自己一句"真是这样的吗？"

　　如果你想要客观分析引发负面情绪的思维误区，你可以用五个步骤来进行归纳整理。归纳整理本身不仅能改变思维方式，还能促进情绪稳定。

　　①写出事件。 写出你失落的时候遇到的事情。描述事情的时候，不要掺杂主观色彩，只写让所有人都挑不出毛病的客观事实。比方说，"我和朋友聊了天""我坐在办公桌前准备工作"等。

　　②写出一闪而过的心声。 例如，"我刚才的说话方式可能惹到了对方""这么多工作怎么可能干完"。

　　③反思"真是这样的吗？"。 思维方式的改变会带来情绪的改变。客观冷静地问自己，事情是否真的像自己想的那样？如果让你和处于步骤②的人聊一聊，你会说些什么呢？换作是你亲近的人，他们又会对你说些什么呢？

　　④写出思想的转变。 写出经过客观思考之后的想法，例如，"对方对此并不介意""先来明确一下工作的优先级吧"。

　　⑤放声朗读④的内容。 接下来你会发现，方才心中的不

① 写出让你心烦意乱的事情。

对朋友发了
一通牢骚。

② 写出心声。

老是向他发牢骚，
他会不会嫌我烦呀？

③ 反思"真是这样的吗？"。

谁都难免发发牢骚嘛！

④ 写出反思之后的想法。

我也不是总发牢骚，
所以没什么大不了的。

安、焦虑以及悲伤的情绪都渐渐淡化，最糟糕的情况已经过去，而你的心情也变得更加积极向上了。

76 情绪与思维要适当分离

有些时候，我们虽然对焦躁不安的情绪进行了核实，但依然久久不能释怀。这时，我们不能强行疏解情绪，而要在情绪肆意奔涌的时候，寻找头脑中一闪而过的想法。

这样一来，我们就能认识到自己的"思维误区"，而且这个认知足以让我们的情绪平复下来。

在认知行为疗法当中，"认知"非常重要。

当你认识到"哎呀，原来我是这么想的""原来我摆出这副样子是害怕受伤呀"等这些行为背后的思维时，解决方法就会水到渠成。关键是要让自己的思维与情绪适当分离，客观地看待事物。这也被称为"去中心化""反省认知"。

我之所以建议大家在学习各种方法的时候把问题"写下来"，目的就是剥离纷纷扰扰的情绪。请你平心静气地回顾一下此前写下的"心声"。"原来如此，难怪我会痛苦"，在你找到原因的那一刻，心情也会畅快许多。

77 给情绪化的心声加上引号

当你告诉自己不要去想时，思绪反而会越陷越深。我向大家介绍一个能够有效摆脱情绪化的小诀窍，那就是给你的想法加上引号。

比方说，"应该更……一些""他为什么不做？"的想法正纠缠着你，那么你要给脑海里奔涌而出的自动思维加上引号，并在思维前面加上短语"我正在思考"。例如，我正在思考"为什么不是那样？""他为什么不做？"。这样既没有忽视自己的想法，也可以与其适当拉开距离，保持客观的视角，缓和激动的情绪。

78 把挥之不去的念头当作背景音乐

　　有时我们满脑子都是"找不到一条出路""自己的人生也就这样了"之类认为结局一塌糊涂的胡思乱想。我们的本意是想在脑海中分析、解决问题，最后却像沿着螺旋楼梯下楼似的，不知不觉间越陷越深，那些糟糕透顶的想象也仿佛变成了现实。

　　一旦你陷入这种反刍思维，就会沉浸在主观世界和自己的情绪之中。你恍惚间感觉自己的想法就是真真切切的现实，完全意识不到这些都是你的臆想。在第1章所介绍的"尝试蜕变为'自己想成为的模样'"的方法中，我们知道，积极的想象能够激发良性的改变，反之，沉溺于消极的想象则会让人惶恐不安。

　　我们首先要认识到自己已经陷入了反刍思维。

　　而后，大声告诉自己"想象是想象，现实是现实"。我们无须彻底消除心声，只需把它当作大脑中播放的一段无足轻重的背景音乐，然后"专注于眼前的事情"。

　　如果你正在刷牙，那么就把注意力集中在刷牙上。如果

　　你正在便利店收拾货架，那么就把注意力集中在摆放商品上。

　　如果有些念头总是挥之不去，那就不要在意它，把注意力集中到眼前的事情上面，把能做的事情做好。

79 不要担心"尚未发生的事情"

"万一情况变糟了可怎么办？""万一失败了该如何是好？"如果你为这些想法而感到焦虑，那么你要转变思维，不要再去担心尚未发生的事情。

前文谈到，"假如……可怎么办？"之类的想法被称为"预期焦虑"。

人一旦出现"预期焦虑"，身体就会事先做好准备以应对不安、危险的事物。交感神经占据主导地位，使人体出现心率升高、尿频多汗、头痛、腹痛等症状。

但如果我们转念一想，所谓"糟糕透顶的事"明明还没有发生。"糟糕透顶的事"尚未发生或发生与否尚未可知，结果身体却先有了反应。

而且，"哎呀，心脏怎么跳得这么快？""身体要出大问题"等身体状况还会进一步加剧内心的紧张感，让人更加焦虑不安，从而陷入恶性循环。

因此，如果出现臆想或预期焦虑，你要安抚自己的情绪，告诉自己不要担心尚未发生的事情。

　　此外，为了更好地稳定情绪，你还可以做一些日常性的放松练习，找到如调节呼吸、喝水、听音乐、放松全身肌肉等适合自己的放松方法。

80 迷茫的时候要遵循自己的感受

"我想要这样做，可是在周围人看来，这样做可能是错的。"

"我是这样想的。但是，这种想法可能不会被大众所接受，我还会遭到批评。"

有些人对自己的判断缺乏信心，习惯否定自己的想法。他们常常认为自己的情绪和思考是错误的，而把旁人的评价和社会共识当作评判的标准。于是，他们格外在意旁人的眼光，不敢表达自己的意见。

如果你也有类似的情况，那么你要树立"我这样想也没错"的观念。

不要把旁人的意见当作标准，而要有意识地遵循自己的感受和想法。

你也无须急于求成，只要每天坚持树立"我这样想也没错"的观念，你就会越来越有自信。

81 见一见小时候的自己

　　你想不想去见一见小时候的自己呢？一路走来，你拥有了异彩纷呈的经历。或许还有痛苦的回忆，或许还有一些事情由于曾经年幼而无能为力。如今，你已经长大成人，具备了保护自己的力量。那么，不妨开启一段与小时候的自己的重逢之旅吧。请你轻轻闭上眼睛，回忆过往的点点滴滴。让我们重返那段让你刻骨铭心的岁月。

　　那里都发生了哪些故事？你身在何处？身边都有哪些人？小时候的你是什么样子？现在的你正在远远地打量着小时候的你，而小时候的你却浑然不觉。接下来，请你慢慢地靠近小时候的你。当你渐渐靠近时，小时候的你也会发现长大成人后的你。

　　小时候的你是什么表情？可能有一点儿吃惊。长大成人后的你和他／她打个招呼吧。

　　你一定有话想要告诉那时候的自己。问候之后，请你给他／她一个温柔的拥抱。你可以带领小时候的你，去他／她想去的或者能让他／她心情宁静的地方。

最后与他／她告别："下次再见吧。"你还可以继续在过往的时空里遨游，然后一点点地返回现实世界。在你觉得尽兴之后，就可以睁开眼睛了。

82 重新审视反复涌上心头的过往

在你的人生旅途中，是否有一些经历令你难以释怀？对于一些人而言，孩提时代的环境对他们的人际关系和沟通能力造成了深远的影响，即使他们长大成人后也依然深受其扰。这种痛苦如果源于父母，他们就会憎恨父母；如果源于霸凌者，他们就会对霸凌者恨之入骨；如果源于自怨自艾，他们在人生路上就会自暴自弃。

我想对这些人说："你也可以获得幸福。"而且，必定能够获得幸福。过往的遭遇注定无法改变，但是，你可以改变对过往的看法。之所以这样说，是因为思维方式是情绪的创造者。重新审视过往的经历，改变看待过往的方式，你便可以平复现在的情绪。

但是，这仅凭一己之力很难做到。尤其是涉及精神创伤方面的困扰时，需要你与心理医生共同面对。

你怎样看待过去发生的事情？你的看法或许已经反映在现如今你待人接物的方式当中。有时你还会重演曾经与父母交流的方式。一定要检查一下自己在不经意间究竟受到了多

少影响。

　　尽管过去木已成舟，但是我们还可以改变对过往的看法。重新审视过往，告诉自己"换作现在的我，会这样想、这样做"。

83 思考生死

　　人死亡以后会去往哪里？你有没有思考过死亡以后会怎么样？肉体尘归尘、土归土，那么"灵魂"还会存在吗？我没有死过，无从知晓死后的世界，但是我时常会去想象。

　　也许，我会回到一片光芒之中吧。不是有一种说法流传甚广吗？人在出生之前，都生活在云彩上面。抬头仰望苍穹，逝者化为夜空中闪烁的星斗，或者化身蝴蝶，翩然而至与生者重逢。

　　你怎样看待"死"？又怎样看待"生"？

　　生充满着艰难困苦。或许我们活着，就是为了找寻生命的答案。

　　"生""死"相邻，也正因如此，我们要活下去。

　　不计其数的人曾对我说过"活着比死了还痛苦"。我深知"生的艰难"，但我依然想对这些人说一句话：

　　"只要活着就好，而我希望你活下去。"

　　如果你找不到生的意义，那么不妨对自己宽容一些，告

诉自己"至少今天活得很精彩"。哪怕什么都没有做,哪怕
什么都做不成,也没有关系。

84 悦纳自己，做力所能及的事

　　面对经济形势、社会百态，当我们遇到一些自己无能为力的事情时，有时候会为此感到焦虑。人不是万能的，不可能完全掌控环境。因此，我们要做的第一件事就是接受这个事实。

　　其次，要找到自己力所能及的事情。我们可以预知风险，未雨绸缪，但是做不到让所有事情都尽在掌握之中。你要告诉自己，做力所能及的事就好。

　　倘若"万一……怎么办？"的不安始终萦绕在心头，那么就会让你荒废"现在"这段时间。至少你还有能力去做些什么。你可以运用一下呼吸法，也可以专注于眼前的事情。既然你已经在前文实践了如此多的方法，那么你一定有办法让自己放松下来。尝试着悦纳现在的自己，做力所能及的事情吧。

85 永远向北极星前进

你渴望怎样的人生旅程？对你来说，"人生价值"又是什么？有些人觉得敢于表达自己的意见，与人为善，广交朋友是实现了人生的价值，有些人则把自由自在，能够在喜欢的时间去喜欢的地方视为人生的价值。

不妨把这种"人生价值"比作北极星吧。从今往后，你都要按照北极星的指引，一步一步向北前进。北极星虽然遥不可及，但永远光辉灿烂。

有时你面前可能会有一堵高墙，墙壁会阻隔你望向北极星的视线。人生未必要不顾一切地翻越高墙。你还可以绕过它，甚至可以绕得更远一些。你唯一要注意的就是，不要偏离你自己所期望的人生之路。

比方说，你现在孤立无援，或者人际关系让你一筹莫展，而你认为人生价值就是"自信地与人相处"，那么你就要践行这一人生价值。当你面对他人的目光时，不要再默不作声、躲躲闪闪，而要勇于"表达自己的意见"。偶尔停下脚步也

无妨，只要坚定地向北极星的方向前进即可。

　　对你而言，北极星是什么呢？来思考一下人生的价值吧。

解说　千万不能"想想而已"

"你的情绪源于你的思维方式"，这是认知行为疗法的基础。

当我们面对大千世界的诸多事物时，心里会悄悄私语，脑海中会浮现出一些形象。它们都是自然产生的，我们并没有刻意思考，因此这种情形被称为"自动思维"。自动思维包含许多类型，例如固执、臆断、悲观思维或者想象尚未发生的糟糕结果，这些思维都会引发悲伤、焦虑、失落、暴躁等负面情绪。

前文介绍了很多思维类型，或许有些读者会因为"全说中了""说的好像都是我"而忧心不已。

但是这种担心大可不必。因为并不是只有你一个人会震惊于自己的思维误区。首先，要意识到自己的思维误区，并且要对自己善于发现问题的行为给予肯定。其次，立足于"改变思维方式就能改变情绪"，通过各种方法摆脱自身的思维误区。

摆脱思维误区的关键在于"客观看待问题"。一定不要只是在脑子里琢磨一遍。单纯依靠思考来解决问题，会让你不知不觉地陷入反刍思维。你要把困扰写下来，把自己的思维转换为看得见的文字，然后去核对它是否属实。刚开始的时候，凭借一己之力可能会困难重重，而且就算是客观看待问题，也未必能够找到新的思维方式。但是，只要你坚持下去，我相信最终一定会卓有成效。

另一件十分重要的事情就是悦纳当下的自己。你要无条件地、不问结果地认可现在的自己。认真做好眼前的每一件事，就算取得的成绩微不足道，也要以此鼓励自己。

你无须与他人比较，也不用在意他人的眼光。即使你并不出众，即使你尚未作出社会贡献，只要你好好生活，你就是无与伦比、独一无二的。天资笨拙也好，外形不佳也罢，你都要告诉自己"就这样挺好、这样就很好"，从而提升自我肯定感。

结语
前行路上要保持"心理弹性"

你已经学习了 85 个自我关爱的方法，真是太棒了！

或许仍然有人会问这样做有什么用，而且对这些方法半信半疑。但即便如此，你们也坚持读完了这本书。现在，郑重其事地表扬一下自己吧！

在临床诊断的时候，我常常向患者传授一个观念，就是"坚持"的重要性。请你一定要反复实践这些方法。在坚持实践的过程中，你会发现自己逐渐能够消除自身的负面情绪。

或许你在阅读本书之前，对它的期许是让你拥有"不会受伤的坚强的内心"。可是，所谓"不会受伤的坚强的内心"究竟是什么样子呢？为了不让自己受伤而把自己牢牢地封闭起来的状态，只会让人身心俱疲。我们的目标并非拥有"不会受伤的坚强的内心"，而是为了拥有一颗"即使跌落低谷也依然保持平和的内心"而坚持实践这些方法。

掌握自我调节的方法之后，我们就不会再纠结于情绪本身。通过实践自我关爱的方法，即使遭遇挫折，你也能够立刻重整旗鼓。这是一种愈挫愈勇的力量（Resilience），也被称为"心理弹性"。

在信息泛滥的现代生活中，我们每天都背负着巨大的压力。因此，睡眠、饮食、运动等"生活临床"就显得尤为重要。生活从来都不可小觑。此外，改变思维方式，能让躁动不安的心平静下来。坚持实践自我关爱的方法，一定能够帮助你提升自我肯定感，逐渐减少情绪化情况的发生。

当你感到力不从心，或者坚持不下去的时候，你还有我，还有与你拥有相同烦恼并且实践自我关爱方法的伙伴们。

一起坚持下去吧！我们永远是你坚实的后盾。

高井祐子